동경성 발굴 보고

동경성 발굴 보고

초판인쇄 2014년 12월 23일
초판발행 2014년 12월 31일

저 자 하라타 요시토(原田淑人)
역 자 김진광
발행처 박문사
발행인 윤석현
등 록 제2009-11호

주소 서울시 도봉구 우이천로 353 3F
전화 (02) 992－3253 (대)
전송 (02) 991－1285
전자우편 bakmunsa@daum.net
홈페이지 http://www.jncbms.co.kr
책임편집 최현아

ISBN 978－89－98468－47－7 93980   값 18,000원

동경성 발굴 보고

하라타 요시토(原田淑人) 저

김진광 역

박문사

책머리에서

발해는 건국 이후 4차례 도읍을 옮겼다. 건국지인 구국(舊國)에서 중경(中京) 서고성(西古城)으로, 상경(上京) 상경성(上京城)으로, 다시 동경(東京) 팔련성(八連城)으로의 천도가 그것이다. 1933·1934년 상경성 발굴을 거쳐, 1939년『동경성』발굴보고서가 발간된 이후, 발해 도성에 대한 끊임없는 조사 발굴을 거쳐 이로부터 75년이 지난 2014년 『팔련성』발굴보고서 간행됨으로써 발해 도성에 대한 발굴 조사가 일단락되었다.

발해사에서 이 도성 하나하나가 중요하지 않은 것은 아니지만, 그중에서도 가장 중요한 유적을 꼽으라면 단연 "상경성"을 들 수 있을 것이다. 도읍 기간이 160여 년으로 가장 길었고, 도성 규모의 정제함이나 방대함이 발해 지역 여타 도성과 현격히 차이를 보이며, 또한 당의 장안성(長安城)이나 일본의 평안경(平安京) 등과 구조적 유사점이 많기 때문일 것이다.

그동안 상경성에 대한 최초 보고서인 1939년『동경성』부터 1971년 『발해문화』, 1997년『육정산과발해진』, 그리고 2009년『상경성』에 이르기까지 여러 차례 발굴보고서가 간행되었다. 게다가 각 시기마다 발굴 주체도 일본, 북한과 중국, 중국으로 서로 달랐다는 점이 주목할 만하다. 지금까지 한 대상지를 이렇게 다양한 주체가 여러 차례 발굴하고 보고서를 작성한 적이 없었다는 점을 염두에 둔다면, 발해사에서 상경성이 지니는 특수한 의미를 가늠할 수 있다.

일본 동아고고학회에 의한 상경성 발굴은 1933년 6월과 1934년 5월 두 차례 이루어졌다. 첫 번째 조사에서는 외성 남문, 외성벽, 제1~4사찰지, 1~6호 궁전지 등을 확인 및 발굴하였고, 두 번째 조사에서는 내성 남문, 제2궁전지 보충 발굴, 제5궁전지, 제6궁전지, 금원지 등을 발굴하였다. 그 결과는 보고서『동경성』에서, 1장 서문, 2장 조사경과, 3장~4장 유적과 유물, 5장 결론 순으로 기술하였다. 또한 부록에서 1931년 러시아학자 파노소프에 의해 진행되었던 보고서를 첨부하였을 뿐만 아니라 80여 장의 삽도와 120여 장의 사진 자료를 함께 실어 발굴 당시의 모습을 이해할 수 있도록 하였다.

그러함에도 불구하고 동아고고학회가 상경성을 최초로 발굴하고 간행한『동경성』발굴보고서는 그다지 연구에 활용되지 않았던 것 같다. 장서 수의 부족, 자료의 접근의 제약 등 환경적인 요인을 제외하고 보다 근본적인 원인은 나 스스로 이 보고서의 존재에 무관심했고, 그 가치를 과소평가했기 때문이 아닌가 한다. 스스로 발해사를 공부하고, 발해 도성제 연구에 다년간 관심을 기울였다고 하면서도 이 보고서를 천천히 음미하고, 그 내용을 검토하고, 여러 쟁점을 고민하는데 보낸 시간이 손으로 꼽을 수 있을 정도였다는 점이 그렇다.

근 100년 동안 간행된 4권의 보고서가 모두 중요하지 않은 것은 아니지만, 그중에서도 『동경성』에 주목한 것은 발굴 기간이 1차 20일, 2차 30일로 매우 짧았다는 한계에도 불구하고, 상경성에 대한 최초의 모습을 전반적으로 드러내었을 뿐만 아니라, 이후 이루어진 발굴 또는 조사, 연구의 기준이 되었다는 점 때문이다. 이것이 바로 『동경성』을 번역하게 된 계기이기도 하다.

『동경성』의 번역에 있어서 가능한 한 원문의 의미를 그대로 전달하기 위해 노력하였다. 하지만, 번역자의 일본어 이해 수준, 번역어의 선택, 그리고 고고학 용어에 대한 이해 등 역량으로 인해, 본래의 의미와 달리 해석된 부분도 없지 않을 것이다. 그러함에도 『동경성』이 발해도성제, 더 나아가 발해사를 이해하고 연구하는데 출발점이 되고 디딤돌이 되었으면 하는 바람을 가져 본다. 선학, 후학의 많은 가르침을 구한다.

끝으로 『동경성』 발굴보고서 번역에 앞서 보고서 PDF자료를 제공해 주고 파노소프(В.В. Поносовъ)의 '러시아어 조사 초록'을 번역해 준 국립문화재연구소 이우섭 연구원님께 깊은 감사를 표한다. 이 책의 출판을 위해 아울러 편집, 교정에 전념해 주신 최현아 대리님과 흔쾌히 출판을 허락해 주신 박문사 윤석현 대표이사님께도 깊이 감사드린다.

진현관 연구실에서
2014년 12월
김진광 씀

머리말

이 책은 1933~1934년(소화 8~9) 2년간 동아고고학회(東亞考古學會)가 수행한 만주 목단강성 영안현 동경성에 있는 발해 상경용천부지 발굴조사에 관한 보고이다.

이 책은 별표 및 서문에서 밝힌 조사자와 여러 사람의 도움과 노력의 결과이지만, 이 책의 정리는 주로 코마이(駒井)와 내가 그 책임을 맡았다. 집필은 무라타(村田)·미즈노(水野)·미카미(三上)·야지마(矢嶋) 등이 정리한 기록과 실측도에 기초하여 가능한 한 발굴 상황을 그대로 전하려고 노력하였지만, 그 후 유물 정리가 이루어지고 여러 가지 연구가 거듭됨에 따라, 자연히 집필자의 사견이 덧붙여진 곳이 없지 않다. 그 과정에서 빠뜨리거나 함부로 단정한 부분이 있을지도 알 수 없다. 이 하나로 집필자가 그 책임을 지는 것이므로 허물이 다른 사람들에게 미치지 않도록 미리 독자들의 양해를 바란다. 또 유물연구에 있어서 목재는 동경제국대학 농학부 조교수인 이노쿠마 다이조(猪熊泰三)에게, 석질은 동경제국대학 이학부 인류학교실 촉탁 아카보리 에이조(赤堀英三)에게, 골편은 와세다대학 촉탁 나오라 노부오(直良信夫)에게 가르침을 구하였다. 이 책의 뒤에 있는 현지실측도는 1차 발굴 당시 육군육지측량부(陸軍陸地測量部)의 배려로, 그 일원인 카타노 야이치로(片野彌一郎)와 쿠로타 하지메(黑田一)가 현지로 출장을 와서 단기간에 작성한 것이다. 도판 및 삽도에 사용된 사진은 하다치 야스시(羽館易)와 쿠보타 다카야스(窪田幸康)가 현지에서 찍은 것 이외에, 거의 대부분은 동경제국대학 문학부 조수인 토즈카 고민(戸塚幸民)을 수고롭게 하였고, 실측도의 정서(淨寫) 및 작성은 제실박물관 직원인 마츠조 타다후미(松園忠文)에게 맡겼다. 우리는 이 사람들의 노고가 매우 컸음을 특별히 기록하여 감사의 뜻을 표하고자 한다. 또 첫 번째 조사 당시, 하얼빈 동성문물박물원(東省文物博物院) 소속 러시아 고고학자 파노소프가 그보다 2년 전(1931년)에 갔던 동경성 지역의 답사약보 및 사진 십여 장을 보내와, 우리의 조사에 많은 도움을 주었다. 책 끝에 붙어 있는 러시아 글이 바로 그것이다. 다만 그 내용이 간단하고 이 책의 내용과 중복된 부분이 있어 따로 일본어 번역을 달지는 않았다. 또한 그 사진도 이 책의 도판으로 대신할 수 있는 것들뿐이어서 그것을 싣지 않았다. 우리는 파노소프의 배려에 감사하며 너그러운 용서를 구한다. 그리고 이 책의 영문초록은 제실박물관 촉탁 무라타 지로(村田治郎)가[1] 바쁜 가운데에서도 특별히 집필해 준 것으로 감사를 표한다.

이 책의 완성과 관련하여 우리는 외무성 문화사업부 당국이 차례로 이루어진 두 번의 조사와 이 책의 간행에 많은 비용을 마련하여 준 것에 대해, 또한 직접·간접적으로 지원을 해준 공적·사적의 많은 기관에 대하여 깊이 감사를 표한다.

1939년(소화 14) 3월
하라타 요시토(原田淑人)

---

1 원문에는 '原田治郎'으로 되어 있으나 제1회·제2회 조사자에는 '村田治郎'로 되어 있어 이를 근거로 수정한다.

제1회 조사자

동경제국대학 교수	하라타 요시토(原田淑人)
경도제국대학 교수	무라타 지로(村田治郎)
경도제국대학 문학부 강사	미즈노 세이치(水野淸一)
동경제국대학 문학부 강사	코마이 카즈치카(駒井和愛)
동방문화연구소 촉탁	하다치 야스시(羽館易)
관동군육지측량부원	카타노 야이치로(片野彌一郎)
관동군육지측량부원	쿠로타 하지메(黑田一)

(역사반)

동경제국대학 교수	이케우치 히로시(池內宏)
경성제국대학 교수	토리야마 키이치(鳥山喜一)
동방문화연구소 촉탁	토야마 군지(外山軍治)
원봉천도서관 주임	金毓黻
원봉천도서관 관원	金九經

동아고고학회 간사	시마무라 코자부로(島村孝三郎)

제2회 조사자

동경제국대학 교수	하라타 요시토(原田淑人)
경도제국대학 교수	무라타 지로(村田治郎)
경도제국대학 문학부 강사	미즈노 세이치(水野淸一)
동경제국대학 문학부 강사	코마이 카즈치카(駒井和愛)
제실박물관 감사관	야지마 코슈케(矢島恭介)
동경제국대학 문학부 강사	미카미 츠구오(三上次男)
사진사	쿠보타 타카야스(窪田幸康)
동아고고학회 간사	시마무라 코자부로(島村孝三郎)

목차

삽도 목록

도판 목차

동경성 발굴 보고

동경성

발해국 상경용천부지 발굴 조사

Ⅰ. 서문

발해국은 일본의 나라 시대에 만주 송화강 유역에 웅거하였던 속말 말갈의 지배자 대조영이 주변의 여러 부를 병합하여 일본 문무천황 4 년(당나라 성력 3년, 서기 700년)에 독립을 선언하고 진국(震國)으로 부른 것에서 시작되었지만, 발해라는 국호를 사용한 것은 발해가 당나 라의 책봉을 받아 발해군왕으로 제수되고, 이어서 제3대 대흠무(大欽 茂)가 발해국왕이라는 칭호를 받게 되면서부터라고 전해진다. 이 나라 는 대조영 이후 14명의 왕이 교체되어, 제15대왕 대인선대 거란의 '아 보기(阿保機)', 즉 태조에게 멸망되기까지 227년간 지속되었는데, 그동 안 이름난 군주를 배출하고 5경 15부의 제도도 갖추었으며, 중국 당나 라의 문물을 받아들여 엄연한 문명국이 되기에 이르렀다.[1] 그렇다면

『신당서』「발해전」에서 제10대 대인수대를 일컬어 해동성국이라고 한 것도 이유가 없는 것은 아니다. 그 영토 같은 것도 동쪽은 현재의 러시아 영토인 연해주를 포함하여 동해(본문에는 일본해로 되어 있음)에 이르렀고, 북쪽은 송화강·흑룡강으로 경계를 삼았으며, 남쪽은 지금의 조선 함경남도에서 신라와 (국경을) 마주하였으며, 서쪽은 거란의 주거지 및 당나라 요동지방에서 인접하였다고도 한다. 또 일본 성무천황 신귀4년 이후 일본과 교류를 맺었던 것은『속일본기』·『일본후기』·『삼대실록』 등에 명시되어 있는데, 이것 또한 저 나라의 발해라는 이름이 우리에게 친숙하게 느껴지는 까닭이다.

그럼에도 발해국 자신은 어떤 기록도 남기지 않았기 때문에, 발해국의 역사는 겨우 앞에서 서술한 일본 및 중국 문헌에 근거하여 그 단편을 알 수 있는 것에 지나지 않고, 또한 그 문물 같은 것도 일본 및 중국 문헌에 남아 있는 발해국의 공문서와 일본의『관가문초』·『문화수려집』 등을 꾸미고 있는 발해사신의 시와 부 등에 의하여 그 편린을 엿보는 것에 만족할 뿐으로, 그 역사적 진실과 문화의 분명한 모습은 한결같이 고고학 조사를 기대하지 않으면 안 된다.

정작 발해 5경의 대체적인 위치에 대해서는 현재의 학계에 정설로 인정할 만한 것이 없지만,[2] 대체로 수도가 되었던 상경용천부 유지를

---

1 발해의 역사에 대해서는『신당서』「발해전」 외에, 松井等의 「渤海國の疆域」(滿洲歷史地理 제1권 수록), 津田左右吉의 「渤海考」(滿鮮地理歷史研究報告 제1 수록), 池內宏의 「鐵利考」(滿鮮地理歷史研究報告 제3 수록), 同의 「夫餘考」(同 제13), 鳥山喜一의 「渤海史考」, 同의 「渤海上京龍泉府に就いて」, 同의 「北滿の二大古都址」(京城帝國大學 滿蒙研究會報告 제2책), 同의 「渤海東京考」(京城帝國大學 文學會史學論叢 제7집 수록), 唐晏의『渤海國志』, 金毓黻의『渤海國志長編』 등을 참고하기 바란다.
2 예를 들어, 中京顯德府에 대해서 津田左右吉는『吉林通志』의 설을 받아들여 吉林省 敦化說을 주장하였지만, 이에 대해 小川琢治는 吉林省 樺甸縣

지금의 만주 목단강성 영안현 동경성[3]에 있는 고성으로 비정할 수 있

蘇密城說을 제기하였으며(支那歷史地理硏究所 수록), 鳥山喜一도 역시
동일한 주장을 지지하였다. 그러나 그 후 鳥山喜一는 이 설에 의문을 품게
되었다고 기록하고 있다(「渤海上京龍泉府に就いて」 및 「渤海東京考」).
또 東京龍原府에 대해서는 여러 가지 주장이 분분하지만, 최근 鳥山喜一
「渤海東京考」에서 間島省 琿春 부근에 있는 한 고성으로 비정할 만하다
고 주장한 것은(앞에서 든 「渤海東京考」) 경청할 만한 의견이다. 그외에
西京鴨綠府・南京南海府 위치를 논한 것도 적지 않지만, 아직 학계의 정
설이 된 것은 없다.

그럼에도, 上京龍泉府가 忽汗城으로도 불리었고 그 지역이 忽汗河 또는
忽汗海 유역에 있었다는 것은 『신당서』「발해전」 및 『신당서』「지리지」,
『요사』「태조기」의 기사 등에서 알 수 있고, 이 忽汗 등으로 기록되어 있
는 강이 瑚爾哈河, 즉 현재의 목단강으로 비정된다는 것은 의문이 없다.
그래서 『원일통지』에서 이 강변에 있는 유(적)지를 발해의 상경으로 비정
하고 있으며, 그 후 명청시대로부터 민국시대에 이르기까지 『명일통지』,
『백운집』, 『영고탑기략』, 『호종동순일록』, 『성경통지』, 『대청일통지』를 시
작으로 『영안현지』 등에서 이 유적에 대해 기록한 것이 적지 않다. 다만
『원일통지』에서 발해의 상경지를 금 상경이라고 한 것으로 인해 『명일통
지』부터 『대청일통지』까지 여러 책들에서는 이곳을 금나라 상경유적으로
잘못 기록하고 있다. 그리고 이 고성에 대해 상술한 것 중에서도 『백운집』
과 『영안현지』 등은 가장 참고할 만한 가치가 있다(滿洲歷史地理 제2권
144~149쪽). 다만 方拱乾의 『영고탑지』(昭代叢書 수록, 三上次男의 가르
침에 근거함)에는 강희 45~46년 동경성이 황폐화된 것에 대해 「有橋墚存
而板滅, 有城闉䩙存而闔滅, 有宮殿基礎存而棟宇滅, 有街衢址存而市滅 有
寺石佛存剎滅, 謂曰賀龍城 …… 黃瓦纍纍無字可尋 惟一瓦有字曰保」라고
기술되어 있지만 그 시대에 관해서는 명확하게 기술하고 있지는 않다.

3 발해 상경용천부 유지가 있는 곳이 현재 동경성이라는 이름으로 불리고
있는 것에 관해서, 松井等은 요나라의 동경이었던 요양을 금나라 초기에
도 그대로 동경으로 부르고 있었으나, 天會 10년에 남경으로 고쳤고, 그것
이 다시 海陵王시대에 동경이라는 옛이름으로 회복하였기 때문에 요양이
남경으로 불리고 있던 기간, 다른 지역이 동경이라는 이름을 붙이고 있었
다고 한다면, 그 지역은 곧 발해 상경이 있던 곳이 아닐까라고 생각되며,
(이것은) 금나라 시기에 동경이라고 불리고 있던 곳이었기 때문으로 추정
하였다(滿洲歷史地理 제2권 159쪽). 그러나 금나라 시기에 이곳이 동경으
로 불렸던 것에 대해서는 문헌으로 고증할 만한 것이 없고 또한 우리의
조사 결과, 금나라 시대로 추정되는 어떠한 유적 유물이 없었다는 것으로

다는 것은 그나마도 다행이다. 수도는 처음에 중경현덕부로 정하였지만, 대흠무 시대에 한차례 상경용천부로 옮겼다가 이어서 동경용원부로 옮겼고, 제5대 대화여(大華璵) 시대에 다시 상경으로 돌아온 이후 멸망할 때까지 계속해서 이곳에 있었다. 이 상경유지는 영안현에서 남쪽으로 약 9邦里 떨어진, 북쪽과 서쪽이 목단강으로 둘러싸여 있는 평야 중앙 쪽에 있으며, 내·외 성벽, 궁전, 금원 등 유지가 남아 있다. 일찍이 1910년(명치 43년)에 시라토리(白鳥)박사는 이 지역을 답사하여 연화문와당·보상화문이 있는 방형전 등을 수집하였는데, 이것이 신라에서 출토된 방형전과 유사하다는 점에서 발해 시대 것으로 고증하였다.[4] 이어서 1926년(대정 15년)에는 이 지역으로 여행했던 경성제국대학의 토리야마 키이치(鳥山喜一) 교수에 의해 동일한 유형의 연화문와당, 문자와 잔편, 녹유치미 잔편 등이 전해졌고,[5] 또한 1927년(소화 2년)에는 토리이(鳥居) 박사가 답사한 적이 있으며,[6] 최근 1931년(소화 6년)에는 하얼빈 박물관의 파노소프 등에 의해 기와편 이외에 그곳에서 발견되었다고 전해지는 전불 잔편 등도 수집되어,[7] 이 유지

보면, 이 설을 언뜻 따를 수는 없다. 사실 鳥山喜一도 언급한 것처럼, 이 동경성이라고 부르던 명칭이 언제부터 사용되었는가에 대해서, 지금까지 청나라 초기의『백운집』등에서 보이는 동경이 가장 오래된 기록이라고 생각되기 때문에 그 이전으로 소급할 수 있을 만한 자료가 없어 유감이다.

4 白鳥박사가 가져온 유물 중에는 연화문와당·방형 화문전 잔편이 많이 확인되었으나, 거의 대부분은 대정 12년 대지진 당시에 동경제국대학 문학부 표본실에서 소실되었다. 다만 그 타고 남은 방형 화문전 1점이 현재도 동경제국대학 문학부 고고학 연구실에 보존되어 있다.

5 「渤海上京龍泉府に就いて」참고.

6 「滿蒙の踏査」참조. 서문에 있지만 同 박사는 시베리아 니콜리스크 부근에서 발해 시대의 와당을 수집하였다고 그가 쓴「西利亞から滿蒙へ」에 적고 있는데, 그 탁본에 의하면 동경성에서 발견된 것과는 느낌이 다른 것 같다.

7 파노소프의 조사보고서는 이 책 끝 부분에 실려 있다.

가 발해 상경이었다는 것이 더욱 분명해졌다.

　그래서 이 고성의 고고학 조사는 단지 발해국 문화를 구체적으로 확인하는 것만이 아니라 더 나아가 나머지 4경이 있었던 곳을 추측할 수 있는 기준이 되고, 발해국의 역사적 사실을 해명하는 데 커다란 기여를 할 것이라는 점이 학계에서 제기되기에 이르렀다. 이것이 정말로 동아고고학회가 1933년(소화 8년)과 1934년(소화 9년) 두 차례에 걸쳐 이 유적을 비교적 대규모로 발굴·조사하였던 까닭이다.

　동아고고학회는 일찍이 1928년(소화 3년) 무렵부터 이 조사의 필요성을 깊이 인식하고, 그 후 실행 계획을 추진하였으나 그 분위기가 무르익지 않아 몇 년을 흘려보냈다. 그럼에도 현지 당국의 격의없는 양해를 얻어 외무 및 육군 두 당국의 열성적인 지원 아래, 1933년(소화 8년) 6월, 우선 첫 번째 조사를 실시하였다. 발굴반은 동경제국대학 문학부 고고학 연구실에서 하라타(原田)·코마이(駒井) 두 명, 경도제국대학 문학부 고고학교실에서 미즈노 세이치(水野淸一)가 참가하였고, 또한 사진기사로서 교토에 있는 동방문화연구소의 하다치 야스시(羽館易)를 맞이하였다. 또한 이 유적의 역사적 성격을 감안하여 특별히 동경제국대학 교수 이케우치 히로시(池內宏)를 책임자(대장)로 삼아 역사반을 구성하였고, 경도제국대학 문학부 동양사연구실의 토야마 군지(外山軍治)가 역사반에 참여하였으며, 당시 봉천국립도서관 주임이었던 김육불과 같은 도서관의 직원인 김구경도 역사반에 함께 참여하였다. 또한 조사는 건축 유구를 대상으로 하였는데 남만주철도주식회사의 배려로 당시 대련고등공업학교 교수로 있던 무라타 지로(村田治郞) 박사의 협력을 얻었으며, 또한 지도작성을 위해 육군당국의 승낙을 얻어 관동군육지측량부의 카다노 야이치로(片野彌一郎), 쿠로타 하지메(黑田一)가 동행했다. 또 조사 중간에 경성제국대학 교수인 토리야마 키이치(鳥山喜一)는 비행기를 타고 현장으로 와서 역사반에 합류하여 조사를 도왔다. 1934년(소화 9년) 5월에 이루어진 두 번째 조사에는 하라타(原田)·코마이(駒井) 및 미즈노(水野) 외에 새로이 동경제국대학 문학부 고고학연구실의 미카미 츠구오(三上次男) 및 동경 제실박물관 야지마 코슈케(矢嶋恭介)를 참여시켰고, 또한 사진기사로서 대련에서 쿠보타 타카야스(窪田幸康)를 대동하였다. 또 무라타(村田)는 첫 번째 조사에서와 마찬가지로 발굴 실측을 도왔다. 그리고 두 번 걸친 (발굴 조사 과정에 대한) 모든 서무·회계·섭외 등에 관해서는 동아고고학회 간사인 시마무라 코자부로(島村孝三郎)가 담당하였다. 대체로 이번 조사는 거의 발해 연구자가 총동원되었고, (조사)기일이 짧았다는 것에 비하면 그 성과가 결코 적지 않았다는 것을 믿어 의심치 않는다.

발굴 유물은 편의상 일단 동경제국대학 문학부 고고학연구실로 옮겨, 하라타(原田)·코마이(駒井) 등이 그것의 정리를 마무리하였으며 조사연구를 진행하여 이 책의 간행을 보기에 이른 것이다.

Ⅱ. 조사 경과

　첫 번째 조사를 위해 우리 일행이 동경성에 들어간 때는 1933년(소화 8년) 6월 6일 차가운 비가 내리는 오후였다. 마침 이 마을이 보름 전에 화를 당하여 도중에 위험이 적지 않았기 때문에, 우리는 하이린 (海林)에서 짐차에 나누어 타고　영안에 도착할 때까지 하루 동안 육군 토벌대와 동행하였고, 이어서 영안에서 동경성까지 약 9邦里는 일본 영사관 경찰서장 사와다 히로유키(澤田寬幸)와 경관 11명, 현지 보안 관 우사미 유조(宇佐美勇藏)와 대원 20여 명의 호위를 받았는데, 당국 의 후의에 대하여 어떻게 감사할 지 모르겠다(지도 1).

　이리하여 일행은 시가지 동쪽에 있어 가까스로 화를 면한 「용씽취 앤(yongxingquan, 永興泉)」을 숙소로 삼고 유적 발굴에 종사하였다. 그 중간에도 앞에서 언급한 영사관·경찰서 직원 각자의 보호를 받은 것은 잊을 수 없다. 이에 비해 이듬해인 1934년(소화 9년) 5월 19일,

두 번째 조사를 위해 떠날 땐 하이린에서 겨우 경비원 한 명을 태운 승합자동차로 한·시간 정도 걸려 영안에 도착하였고, 점심 동안만 잠시 휴식하였다가 바로 출발하여 한 시간도 걸리지 않아 다시 활기를 찾은 동경성 시가지에 도착하여 전년과 마찬가지로 영흥천을 숙소로 삼았던 것을 생각해보니 참으로 격세지감을 느끼지 않을 수 없다.[1]

첫 번째 조사는 6월 6일부터 시작하여 같은 달 25일에 마쳤다. 7일 오전에는 도성(상경성) 남문부터 서남방으로 3~4町 떨어진 곳에 있는 南大廟(지도 2-IV. 제1사찰지로 가칭)를 답사하여 유명한 석등을 견학하였고,[2] 이 사찰 서쪽에 사찰지(지도 2-VII, 제2사찰지로 가칭) 한 곳이 남아 있는 것을 확인하였으며, 오후에는 멀리 북쪽에 있는 궁전지 및 금원유지 사전조사에 시간을 보냈다. 8일에는 외성 동벽 남부에서 북벽 중앙 문지까지의 성벽을 조사하였고, 9일에는 북벽 서쪽 중간부터 서벽을 지나 남벽으로 나왔으며, 10일부터 13일까지는 남대묘 석등을 실측하고 촬영하는 것 이외에, 그 서쪽에 있는 제2사찰지 발굴에 종사하였다. 그리고 14일부터 25일까지는 주로 궁전지 조사에 치중하였는데, 대체로『영안현지』에 오봉루지(제1궁전지로 가칭)·금난전지(제2궁전지로 가칭)·2층 전지(제3궁전지로 가칭)·3층 전지(제4궁전지로 가칭)로 기록되어 있는 곳 발굴에 시간을 보냈다. 또한 발굴 중간중간 근처에 사는 아이들이 벽돌로 만든 작은 불상을 팔러 왔으므로,

---

1 동경성 부근의 경치에 대해서는 水野清一·三上次男 및 駒井和愛의 공저 『北滿風土雜記』(소화13년 座右寶刊行會發刊)에 수록된「東京城に入る」와 「宿舍永興泉」·「東京城風物」·「小廟雜記」·「東京城のシヤマン」등에 근거하기를 바란다.
2 남대묘를 답사하고 그 석등에 대해 서술한 청나라 사람 외에, 영국인 토마스 아도킨스 등의 기행에 관해서는 池內宏의『滿鮮史研究中世 제1책』에 수록된「卷頭の圖版について」항을 참고하기 바란다.

그 (유물의) 출토 지점을 확인하는 동시에, 따로 팀을 꾸려서(별동대) 각각 유지를 또한 조사하였다. 즉 17·18일에는 도성 북쪽 가장자리에 있는 한 사찰지(지도 2-Ⅷ, 제3사찰지로 가칭)를, 이어서 23·24일 이틀간은 그 서쪽의 시띠(xidi, 西地)로 불리는 지점에 위치한 폐허가 된 남쪽의 사찰지(지도 2-Ⅺ, 제4사찰지로 가칭)를 발굴하였다.

또한 현재 동경성 시가지 북벽 바깥쪽 참호 절단면에 수혈 단면이 드러났고, 그 중간에 도기, 기와, 벽돌 등 잔편이 포함되어 있는 것이 확인되었기 때문에, 23일에는 차례로 그곳을 시굴하였다(지도 2-Ⅸ).

두 번째 조사는 5월 20일에 시작하여 6월 19일에 마무리하였는데, 앞에서 든 제2궁전지 주위에 대한 보충 발굴 이외에, 그 대부분 시간은 새로 발견된 내성 남문 유지, 제4궁전지 북쪽 농지에서 출토된 궁전지(제5궁전지로 가칭), 다시 그 북쪽에 남아 있는 궁전지(제6궁전지로 가칭) 및 금원지 조사발굴에 보냈다.

첫 번째 조사 당시에는 『영안현지』에서 언급된 「팔보유리정」을 궁전지 동쪽에서 찾았고, 또한 전불 및 철불이 출토되었다고 전해 들은 금원지 동쪽 투타이즈(tutaizi, 土台子)의 사찰지 한 곳을 답사하였으며(지도 2-ⅩⅤ), 또한 외벽 북문 바깥쪽에서도 사찰지로 생각되는 돌이 쌓여 있는 흙 기단 한 곳을 확인하였다(지도 2-ⅩⅧ). 아울러 이 유적들은 두 번째 조사 틈틈이 궁전지 서쪽, 즉 앞에서 서술한 투타이즈와 동서로 마주하고 있는 바이먀오즈(baimiaozi, 白廟子)를 답사하고, 녹유 기와편, 벽화 잔편 등을 수습하여 사찰지(지도 2-ⅩⅥ)였다는 것을 확인하였으나 정밀하게 조사할 시간이 없어서 그 조사를 후일로 기약하였다.

Ⅲ. 유적

　발해 상경용천부에 대해『성경통지』권15 城池條에는 옛 동경성으로 제목을 붙이고, "성(영고탑)은 서남쪽으로 60리 떨어진 호아합화(虎兒哈河) 남쪽에 있으며, 그 둘레는 30리이고, 사방에 7개의 문이 있다. 내성 둘레는 5리이며, 동·서·남쪽에 각각 문이 하나씩 있다."라고 기록되어 있다.[1] 이 성터를 동경성의 고성으로 부르고 있는 것은 현재 동경성 시가지가 옛 성터 외성 안 동남쪽에 있는 점 외에 다른 이유는 없지만, 이 시가지가 어떤 까닭으로 동경성이란 이름으로 불리고 있었는지에 대한 정보는 앞에서 서술한 것처럼 분명하지 않다.

　폐허가 된 도성은 다음 장에서 상술할 것과 같이 경치가 뛰어난 목

1　다만,『성경통지』에서 이 고성을 금나라의 상경회녕부지로 잘못 기록하고 있는 것은 앞에서 서술한 것과 같다.

단강변 분지에, 동서 약 1리(+), 남북 약 1리(-)의 동서 방향으로 약간 넓은 장방형 구역에 외성을 쌓고, 그 둘레는 흙벽으로 둘렀다. 외성 북변 중앙에서 약간 서쪽으로 치우쳐서 내성이 있는데, 이것도 흙벽으로 둘러싸여 있다. 그리고 그 북부는 궁성 구획으로 삼고 있었음을 분명히 알 수 있다. 또한 내성 남문지에서 외성 남문지 사이에 큰 도로 유적이 남아 있고, 그것에 의해 외성이 동·서 구역으로 나뉘는데, 그 반듯한 구조는 진실로 당나라 수도 장안을 떠오르게 한다(지도 2-3). 아래에서 이 유적들에 대해 편의상 외성 성벽부터 서술한다.

1. 외성 유지

외성 둘레는 흙벽으로 둘러싸여 있는데, 그 동벽은 29町 26間, 서벽은 30町 33間, 남벽은 40町 50間, 북벽은 41町 16間이며, 동벽 남단과 남벽 동쪽 부분이 파괴된 것을 제외하고는 비교적 (유적이) 잘 남아있다. 동·서·남 세 벽은 대체로 일직선을 이루고 있지만, 북벽만은 중앙에 약 9町 정도 되는 부분이 1町 정도 북쪽으로 튀어나와 있어, 특별히 궁성을 보호하고 있는 모습이다(도판 1~5). 또한 서벽 북부와 북벽 동반부에서는 성벽 바깥쪽에서 해자 유적이 확인되었다.

외성 성벽은 어느 곳이나 높이 2間 정도의 흙벽으로, 성벽 윗부분은 너비가 2~3척이며, 안팎 양쪽의 경사면은 잡초들이 덮여 있지만, 그 바깥쪽에는 전체적으로 돌덩어리들이 흩어져 있다(도판 2). 우리는 이 성벽 구조를 확인하기 위하여, 동벽 북단에서 남쪽으로 71間 정도 떨어진 곳을 길이 30척 정도로 발굴하였는데, 그 결과 외벽 안쪽 면은 위쪽 3척 정도 약간 큰 돌을 거의 수직으로 반듯하게 쌓아 견고하게

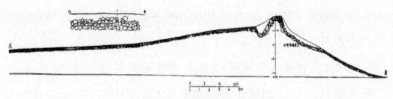

삽도 1 외성 동벽 단면도

하였고, 그 아래 부분은 적갈색 흙으로 경사면을 쌓은 것이 확인되었다(도판 6-I). 또한 바깥쪽의 적갈색 흙으로 쌓은 부분은 안쪽 면에 비해 약간 급경사를 이루는데, 이러한 현상은 돌을 견고하게 쌓아서가 아니라 전반적으로 돌을 불규칙하게 쌓아서 생긴 것에 불과하다(삽도 1).

이와 같이 성벽 바깥쪽에 성벽을 견고하게 쌓은 어떠한 부분이 없는데, 이 돌들을 흩어져 있는 것만으로 오히려 오르기 쉽다고 하는 것은 의문이다. 어쩌면 당시 이 흙벽도 만주 집안현과 평양 부근에 남아 있는 고구려시대 성벽[2]처럼 안쪽은 윗부분만 돌로 쌓고, 바깥쪽은 완전히 수직으로 돌을 쌓아 견고하게 하였지만, 그 후 무너져 현재처럼 된 것인지도 모르겠다(삽도 2).

삽도 2 평양부근 고구려토성 바깥쪽

성벽 곳곳은 도로로 인해 끊어졌으며, 느릅나무로 그늘진 곳에는 작은 사당이 세워져 있는

---

2 고구려 성벽에 대해서는 關野貞 등의 『高句麗時代之遺蹟』의 도판6~7, 池內宏의 『通溝』의 도판10 및 삽도6 및 小川顯夫의 『平壤萬壽臺及其附近の建築物址』의 도판71~74(朝鮮古蹟硏究會昭和12年調査報告) 등을 확인하기 바란다.

곳도 있지만,[3] 확실히 문지로 생각되는 곳은 남·북 두 성벽 중앙에 각각 1곳(지도 2-IV · V), 동·서 두 성벽에 각각 2곳(지도 2-XIX · XXII)에 불과하다. 남벽 중앙에서 가까운 민가 근처에 옛 우물이 있고, 그 주변에 흩어져 있는 기와편 사이에 초석으로 생각되는 것들도 남아 있지만, 남문의 원래 위치에 있었다고 생각되는 것은 한 개도 없다. 동·서 두 성벽의 문지에서도 와당, 암키와 잔편은 수집되었지만, 초석으로 여겨지는 유물은 발견되지 않았다.

외성 문지 중에서(도판 4-1, 지도 2-XXI, 도판 5-1, 지도 2-XX 참조) 그 유적이 가장 잘 남아 있는 곳은 북문으로, 좌우로 25척의 간격을 두고 4개씩 초석이 늘어져 있다(도판 7, 삽도 3, 지도 2-IV). 그리고 성벽이 양측에 바짝 붙어 있어 이것 이외에 초석이 더 있는지는 확인되지 않지만, 내성 남문 등과 비교해 보면 규모가 큰 문이었는지도 알 수 없다. 충분한 발굴조사 시간을 확보하지 못한 것은 유감이다(삽도 3).

또한 외성 서쪽 구역의 북벽 동쪽 부분에 수문지가 있는데, 그 가장자리는 가늘고 긴 연못 형태를 이루고 있다. 또 외벽 서북쪽 모서리에 도로에 의해 끊어진 곳을 (현지) 주민들은 수문동이라고 부르고 있다. 아마도 발해 당시에는 목단강물을 성안으로 끌어들였던 것으로 생각된다. 중앙의 도로 유적은 너비 약 48間으로, 내성 남문에서 외성 남문까지 20町을 일직선으로 뻗어 있다. 현재는 농지로 변했지만 양측에는

---

3 외성 성벽의 절단된 곳 중에 확실히 문지로 인정할 만한 곳은 여기에서 기술한 남북 각각 1문, 동서 각각 2문에 지나지 않지만, 이 밖에도 남·북 두 벽에 문이 있었는지도 알 수 없다. 특히 후술하는 것과 같이, 이 성터에서 도로와 마을을 추정해 보면, 남북으로 관통하는 도로 중에서 동·서 두 구역의 제2도로가 이르는 남벽 및 북벽에 각각 문이 있었던 것으로 생각된다. 과연 그러하다면, 발해 상경 외성의 문은 동·서벽에 각각 2개, 남·북 벽에 각각 3개의 문이 있었던 것이 될 것이다.

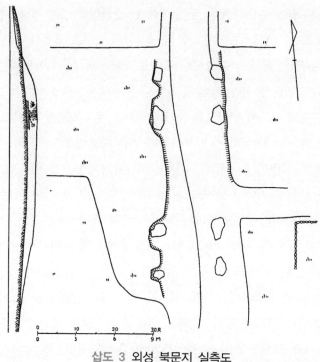

삽도 3 외성 북문지 실측도

버드나무가 늘어서 있고, 그 아래에는 너비 4~5척의 낮은 돌무더기가
이어져 있어서, 옛 모습을 떠오르게 한다. 이 돌무더기는 아마도 도로
양측에 돌로 쌓은 작은 벽이 있었다는 것을 말하는 것으로 생각된다
(도판 8).

　이 도로는 당나라 장안성(京)의 주작가 및 일본 평성·평안경의 주
작대로에 해당하는 것으로, 이것에 의해 동·서 두 구역으로 나뉘는
것을 알 수 있다. 발해도 당나라 수도의 萬年·長安 두 현처럼, 또 일본
의 좌·우 兩京처럼, 이 동·서 두 구역에 각각 특별한 이름을 붙였음
에 틀림없겠지만, 현재 문헌에서 고증할 만한 것이 없다는 점이 참으
로 유감이다.

어쨌든 발해 수도의 동서 두 구역에 당 장안경과 일본 평성·평안경 등에서 보는 것처럼 도로에 의한 분할이 이루어지고 있었던 것은 아닐까. 이것은 이 유적의 구명에서 흥미로운 문제이다. 지금 안타깝게도 이 문제에 답을 할 만한 발해에 관한 문헌은 물론 하나도 없다. 그러나 우리가 현재 농토에 뻗어 있는 도로(里路)와 겨우 모습을 남기고 있는 석벽 등에 근거하여 보면, 남북을 관통하는 도로(街路)는 앞에서 언급한 주작가 이외에 동·서 두 구역에 각각 4개의 도로가 있는데, 어느 것이나 모두 북벽에서 남벽으로 이어져 있다. 동서로 뻗어 있는 도로(街路)는 내성을 끼고 각각 4개, 내성 남쪽에 각각 8개가 있는 것으로 생각된다. 따라서 가로 세로로 뻗은 도로들에 의해 구획된 마을(坊) 수는 동·서 두 구역에 각각 41개씩 도합 82개이다. 그것을 당나라 장안경의 114마을(坊)과 비교하면, 32개가 적고 일본 평성경의 68마을(坊)과 대조하면 14개가 많다. 발해도 어쩌면 당나라의 장안경처럼 마을 하나하나에 고유한 이름을 붙였을 것이다(삽도 4).[4]

---

4 당나라 장안성 및 일본의 평성·평안경의 규모에 대해서는,『兩京新記』·『長安志』·『長安志圖』·『唐兩京城坊考』·『西安府志』·『長安縣志』외에, 足立喜六의『長安史蹟の硏究』(동양문고논총 제20), 關野貞의『平城京及大內裏考』(東京帝國大學紀要工科 第3冊), 喜田貞吉의『帝都』, 上田三平의『平城宮址調査報告』(內務省史蹟精査報告 第2) 등을 참고하기 바란다. 또 일본의 평성·평안경 두 도성에서는 街割을 條坊으로 부르고 있는데, 당나라 장안에서는 街坊이라고 부르고 있음은『구당서』권38「지리지」경사조에 의해 알 수 있다. 발해에 대해서는 문헌이 없어서 이러한 정보를 분명히 알 수 없지만 중국에서 모방하여 街坊이라고 불렀을 것으로 생각된다. 또한 삽도4의 석각은 민국23년 3월 장안에서 발견된 것으로, 이것에 관해서는 何士驥의『石刻唐太極宮旣旦府寺坊市殘圖, 大明宮殘圖興京宮圖之硏究』(民國國立北京硏究院 考古專報 第1冊)을 보기를 바란다. 그리고『구당서』「지리지」에서는 당나라 장안성에 대해서 "有東西兩市 都內南北十四街 東西十一街 街分一百八坊 坊之廣長皆三百餘步 皇城之南大街曰朱雀街 街東五十四坊 萬年縣領之 街西五十四坊 長安縣領之"라고 하여, 그 도

삽도 4 송나라 시대에 새긴 장안성도

로 동쪽과 서쪽에 각각 마을이 55개 있었던 것을 분명하게 기록하고 있다. 게다가 동·서 두 시장이 각각 마을 두 개를 차지하고 있기 때문에, 만약 우리가 발해의 마을(坊) 수를 계산하는 방식을 따르면, 또한 각각 마을 두 개가 증가된 것이 되므로 각각 57개, 합하여 114개가 된다. 그러나 만년현 동남쪽 모서리에 있는 마을(坊) 두 곳은 曲江, 즉 芙蓉園으로, 실제로는 설치되어 있지 않다. 또한 萬年縣 중에서 궁성 동쪽에 이어진 제1도로와 제2도로 사이에 大明宮 정문이 있고, 그 문 앞에서 남쪽으로 마을 두 곳을 관통하는 도로가 있어서, 각 마을을 다시 동·서 두 개의 마을로 나누고 있다. 그렇다면 당나라 수도의 東區, 즉 萬年縣이 西區, 즉 長安縣과 마찬 가지로 마을이 55개인 것에는 변화가 없다.

발해 마을(坊)의 크기에 대해 그 대략을 살펴 보면, 북쪽에서 두 번째·세 번째 도로 및 세 번째와 네 번째 도로 사이에 있는 12개 모두 약 동서 270間, 남북 250間이며, 내성 남쪽, 주작대가 좌우에 있는 16개는 동서 260間, 남북 약 140間이며, 그 나머지는 모두 동서 270間, 남북 140間이다. 주작대가를 끼고 있는 16개가 내성 남쪽에 있는 다른 마을과 비교하여 동서 폭이 좁은 것은 그 중앙의 주작대가가 다른 도로에 비해 두드러지게 넓기 때문이다. 또한 4번째 도로의 내성 남벽에 이어져 있는 부분만은 그 도로 폭이 조금 넓었을 것이다(지도 2). 만약 현재 남문지 동남쪽에 남아 있는 농토의 도드라짐이 도로(街路) 남쪽 면을 보여 주는 것이라고 한다면, 이 부근의 제4도로의 폭은 20間이 될 것이다.

외성에 대해 기록할 만한 것은 이상과 같이 도로와 마을(街坊)을 나눈 것과 남북 및 서쪽 각각의 벽에 이어진 너비 20~30칸의 공간이 확인되었고, 또한 동벽에 인접하여 너비 100칸 정도의 공간이 남겨져 있어서, 남북 및 서쪽의 것은 이 부분의 도로가 넓은 것으로 해석한다고 해도 동벽과의 사이에 남아 있는 공간은 어떻게 해석할 수 있을까? 원래 내성이 약간 서쪽으로 치우쳐 있기 때문에 동쪽 구역이 서쪽 구역에 비해 넓지만, 동벽에 인접한 부분의 각 마을이 특히 넓은 것인지? 아니면 장안경처럼 이른바 협도(夾道) 같은 것이 있는 것인지?(삽도 4 참조) 어쨌든 지나치게 넓다는 생각이 든다. 아무튼 어떤 의미가 있는 것으로 볼 수 있을 것이다. 그러나 현재 지형적으로 어떠한 유물도 우리에게 알려주지 않기 때문에 앞으로의 연구를 기약하지 않으면 안 된다.

앞에서 서술한 것처럼 발해 상경에 당나라 장안경과 유사한 도로와 마을이 구획되었다고 한다면, 당연히 동시·서시가 있었을 것이다. 지금 현재의 지형을 고찰하면, 동쪽 구역의 동경성 시가지와 마주하는 서구에 시띠(西地)라는 이름을 가진 곳이 있다는 것은 매우 주목할 만하다. 아마도 동·서 두 구역의 동서 제1도로, 제2도로와 남북 제5도로, 제7도로로 구획되는 각 2마을 범위로 동서 두 시장에 해당시킬 만한 곳이 아닐까. 현재 동경성 시가지는 어쩌면 동시(東市) 유적이 확장된 것일지도 모른다.[5] 또한 주작대가를 끼고, 동서로 마주하여 세 개씩 확인된 사찰지에 관해서는 항을 달리하여 기술하고자 한다.

2. 내성 유지

내성은 동서 제4도로 북쪽에 있고 동서 9町 43間, 남북 10町 50間의 구역을 차지하고 있다. 그 둘레는 높이가 1間 정도의 흙벽으로 둘러싸여 있는 것으로 생각된다(지도 3). 그리고 흙벽의 겉에는 지금도 돌덩어리가 쌓여 있는 곳이 있고, 성벽 위에는 돌이 견고하게 쌓여 있는 것 같은 곳도 보인다.

내성 문은 남·북 두 벽 중앙에 각각 하나씩 있다. 남문지는 도로를 향하고 있고, 흙벽에서 무너진 돌들이 쌓여 높이 약 3척 정도의 두둑을 이루고 있으며, 그 서쪽 편에는 대형 초석이 약간 드러나 있어서 이곳

---

5 발해 상경에선 동·서 두 구역을 동경과 서경으로 불렀는지도 알 수 없다. 현재 동쪽 구역엔 동경성 시가지가 발달하였고, 서쪽 구역엔 시띠(西地)라는 지명이 전해지고 있는 것은 동시·서시가 있었던 것을 보여 주는 동시에, 동경·서경으로 불리고 있던 다른 구역의 이름이 남아 있는 것은 아닐까 한다. 그래서 이와 같이 해석할 수 있다면, 『백운집』·『호종동순일록』·『영고탑기략』·『영고탑지』 등에 동경으로 기록된, 어쩌면 현재 불리고 있는 동경성 지명은 발해 상경 중의 동경이라는 명칭이 전해지고 있는 것이라고 볼 수 있을 것이다. 그러나 이것에 관해서는 후일의 연구로 미뤄두고자 한다.

에 성문 건축이 있었다는 것을 추측할 수 있다(도판 9-1~2, 지도 2-III).

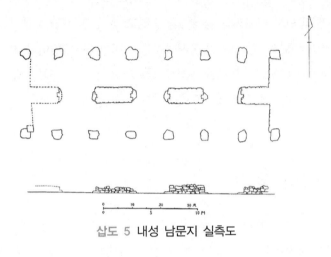

삽도 5 내성 남문지 실측도

　이 초석을 기준으로 주변을 조사한 결과, 이것이 문지 북쪽의 서쪽 끝에 위치하고 있고, 동쪽으로 약 90척 범위에서 모두 8개의 초석이 발견되었고 남쪽에서도 마찬가지로 8개의 초석이 발견되었으며, 또한 이것들의 중간에서도 이것에 대응하는 초석이 출토되었다(도판 12). 그리고 이 중간의 초석열에 대해서는 삽도 5와 같이 하나씩 그 중간에 석벽이 쌓여 있어서, 그 사이에 3개의 문길이 지나고 있는 것으로 생각된다. 석벽 높이는 윗부분이 무너져서 원래의 모습을 알 수 없지만, 현재 높이는 2척 5~6촌에서 3척 정도이며, 너비는 5척 5~6촌, 길이는 대체로 기둥 간의 간격과 같은 약 13척이다. 그리고 석벽 측면에서는 회반죽(소석회, 모래, 여물, 해초물 등을 섞어 만든 미장용 반죽) 흔적이 남아 있어서 처음부터 전체적으로 하얗게 칠해 단단하게 했던 것으로 생각된다. 또한 이러한 석벽의 끝에는 요(凹)자 형태로 생각되는 각각 5~6촌 정도의 구덩이가 있는데, 이곳에 모서리가 있는 나무 기둥을 세웠던 것으로 생각되며, 또한 불에 탄 네모진 목재의 흔적이 약간 남아 있다. 아마도 이 문은 발해 시대에 화재를 당하였던 것으로 생각된다.

앞에서 서술한 초석은 현재의 지표면에서 약 4~5척 높이로 돋운 흙 위에 드러난 것인데, 이전의 지표면은 이보다 1~2척 정도 낮았음에 틀림없기 때문에 성문 기단은 상당히 높았던 것으로 상상해도 좋다.

내성 남문은 정면 87척 5촌, 측면 28척인 정면 7칸, 측면 2칸의 건물이다. 그리고 남쪽 끝 부분의 석벽은 그 구조상 凸자형을 띠고 있는 것이 주목된다.

남문지와 마주하는 북문의 구조는 매우 간단하며, 현재 현지인들이 사용하는 도로 양쪽의 흙벽 아래에서 초석으로 생각되는 것이 몇 개 흩어져 있는 데 불과하다. 그중에서 나무 기둥이 불에 탈 때 흔적이 남아 있는 초석이 보이는데, 이것에 의하면 정면 1칸, 통로 입구는 15~16척의 문이 있었던 것으로 생각되지만 측면은 몇 칸인지 분명하지 않다(삽도 6).

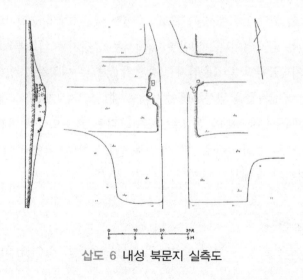

삽도 6 내성 북문지 실측도

내성 안에서는 위에서 언급한 유적 이외에 궁성지가 남아 있다는 것은 언급할 것도 없지만, 이것에 대해서는 다음 항에서 설명하기로 한다. 또한 궁성 정문에 해당하는 제1궁전지와 앞에서 서술한 내성 남문 유지와의 사이에 있는 논밭에서도 관청유지로 추정되는 흙기단 유적과 일반적으로 물웅덩이 유지(水牢址)로 불리는 유적에(도판 6 · 8-1, 지도 2-Ⅻ) 돌무더기를 원형으로 두른 것도 보이는데, 이러한 모든 것들은 세밀한 조사가 이루어지지 않았다.

3. 궁전 유지

궁성은 동서 5町, 남북 6町으로 구획되었고(지도 3), 그 주위를 돌로 단단하게 한 흙무더기를 쌓았으며, 그 내부에는 같은 형태의 흙무더기가 가로 세로로 뻗어 있으며, 이르는 곳에는 기와편이 흩어져 있어 곳곳에 건축물이 있었음을 보여준다. 그중에서 가장 중요한 것은 말할 것도 없이 중앙 남쪽에서 북쪽으로 늘어서 있는 6개의 궁전지와 그 동쪽에 있는 금원지이다. 『영안현지』에서는 궁전지를 남쪽부터 차례로 오봉루지 · 금난전지 · 2층전지 · 3층전지 등으로 기록하고 있는데, 우리는 이 궁전지들을 남쪽부터 순서대로 제1궁전지 · 제2궁전지 · 제3궁전지 · 제4궁전지 · 제4궁전지로 부르고, 다시 북쪽으로 이어진 2개의 유지를 제5궁전지 · 제6궁전지라고 부르기로 한다. 이어서 각 궁전지 및 금원지에 대해서 서술한다.

1) 제1궁전지

이 궁전지는 궁성 남벽 중앙에 위치하는 것으로 높이가 10여 척에 이르는 흙기단 위에 있다. 흙기단 위에는 중화민국 초년에, 이전의 초석 일부로 쌓은 3채가 이어져 있는 사당이 있는데, 현재 천후관제상(天后關帝像)과 호선(胡仙) 신위 등이 안치되어 있다. 이 사당 서쪽에도 10여 개의 목조로 된 작은 사당이 동향으로 늘어서 있다. 또한 흙기단 정면에는 사당으로 통행하기 위한 기울기가 완만한 통로 3개가 붙어 있는데 그 경사면은 절단한 현무암을 쌓아서 후세에 만든 것임을 보여준다(도판 13, 지도 3-A).

흙기단 위에는 양각으로 다듬은 커다란 초석이 늘어서 있는데, 그 배열로 보면 정면 9칸, 측면 6칸, 즉 9칸 6면의 건물이 있었음을 알수 있다(도판 14~16). 그 기둥 사이는 동서 약 15척, 남북 약 14척이다(삽도 7).

우리는 이 흙기단 아래에 통로가 있어서 예전에 이 건축물이 누각문 같은 구조라고 생각하고, 흙기단 곳곳을 시굴하여 그것을 확인하였지만 그 어떤 흔적도 확인할 수 없었다. 그렇다면 이 궁전의 통행은 어떻게 이루어진 것일까? 아마도 이 궁전 앞쪽의 오르고 내림은 그 당시에도 앞에서 언급한 3개의 통로에 의해 이루어졌음에 틀림없을 것이다. 후술하는 것처럼 제2궁전지 정면 양측에 두 곳, 또한 그 뒤편 중앙에 한 곳의 흙계단이 남아 있는 것으로 추정해 보면, 이 제1궁전지에 있는 3개의 통로도 뒷날에 보수(?)를 거친 것이겠지만, 발해 시대의 모습를 전하고 있는 것으로 생각해도 무리는 없을 것이다. 또한 이 궁전지에 이어져 있는 양측의 흙벽은 비교적 너비가 넓고 옛기와 등이 흩어져 있는 곳도 있기 때문에, 제1궁전에서 제2궁전으로의 왕래는 주로 이 흙기단이 사용되었을 것으로 생각된다. 이것에 대해서는 제2궁전지 조에서도 설명한다.

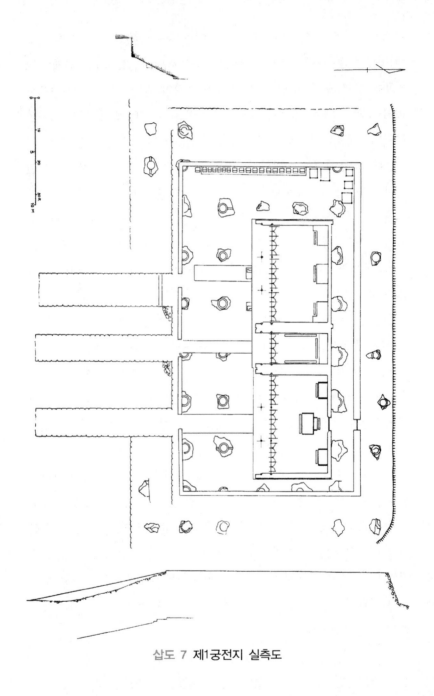

삽도 7 제1궁전지 실측도

2) 제2궁전지

제1궁전지 북쪽으로 보리밭을 지나면 궁전지 하나가 있다. 이것은 그 유구가 매우 크다는 점으로 보면 대극전이라고도 불릴만한 것으로 높이 약 9척, 동서 185척, 남북 80척 정도의 흙기단 위에 비바람에 드러난 채로 남아 있는 초석에 의해 정면 11칸 측면 4칸의 건물이 있었음을 알 수 있다. 초석은 모두 현무암 재질의 용암석으로 만들어진 커다란 것으로 그중에는 도드라지게 다듬어져 있는 것도 확인된다(도판 17, 삽도 8, 지도 3-B).

이 흙기단 주위 돌을 견고하게 쌓았고, 그 남쪽, 즉 정면에는 동서에 각각 한 곳, 북쪽, 즉 뒷면에는 중앙에 한 곳 모두 너비 2칸 정도의 기울기가 완만한 흙계단이 붙어 있다(도판 20). 그러나 그 서쪽 계단과 북쪽 계단의 좌우에는 장방형전이 나란히 깔려 있는 것이 확인되었다. 이 흙기단 좌우 양쪽에 남아 있는 한 변 20척 정도의 흙기단 주위도 역시 견고하게 돌로 둘려져 있다. 이곳은 본전 부속 건물 유지로 생각되는데 최근 취토 작업으로 심하게 황폐해졌다.

대체로 이 양쪽의 건축물지에서 동서로 복랑이 뻗어 있는데, 120여 척 정도로 남쪽으로 꺾여 있는 것이 농지에서 출토된 3열의 초석 배치로 분명해졌다(삽도 9).

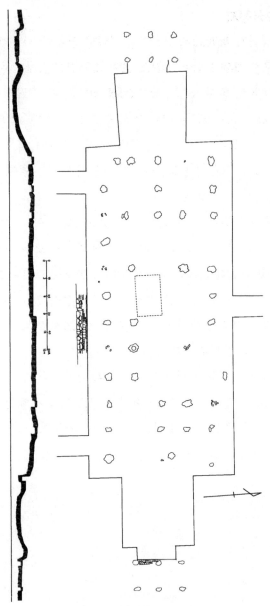

삽도 8 제2궁전지 실측도

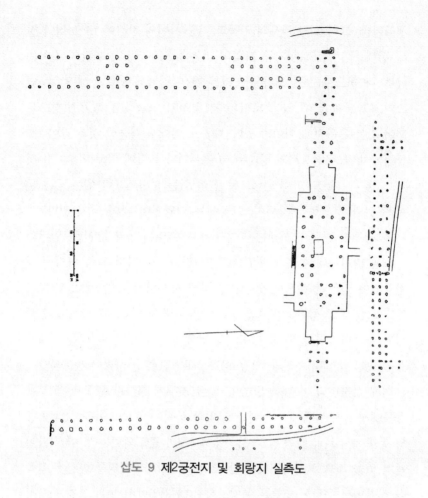

삽도 9 제2궁전지 및 회랑지 실측도

우리가 이 회랑지를 발굴하기 시작한 때에는 안뜰 한쪽에 심겨진 보리이삭도 피어서 녹색 물결이 출렁이고 있었는데, 초석이 있는 곳은 겨우 땅만 도드라져 있고 또한 보리의 생육상태가 매우 안 좋았기 때문에 쉽게 찾을 수 있었다. 초석은 잘 다듬어진 것으로 지름 3~4척에 달하는 것도 없지 않았다. 회랑은 남쪽으로 꺾인 곳부터 너비가 늘어나고 초석이 4열로 뻗어있어서 아마도 측면 3칸의 복랑이었던 것으로 생각된다. 그리고 그 좌우의 기둥과 기둥 사이의 간격이 13~14척인 것에 비해 중앙에 있는 기둥 간의 거리는 18~19척이다. 회랑의 길이는 남북 440척으로 정면 28칸 정도라는 것은 초석 배열을 통해 알 수 있으며, 그 남쪽 끝에 있는 초석은 제1궁전지 양측에서 북쪽 방향으로 뻗어 있는 흙둔덕에 이어져 있다. 대체로 앞에서 서술한 것과 같이 제1궁전에서 제2궁전으로의 왕래는 이 흙둔덕과 회랑에 의해 이루어진 것으로 생각된다. 또한 이 남북으로 뻗어 있는 회랑지 중간에는 작은 문이 있었던 것으로 생각되며, 그곳에는 기와편이 많이 남아 있다.

제2궁전지 발굴 당시에는 흙기단 주변에 있는 돌로 쌓인 곳 일부의 구조를 밝히는데 힘을 기울였는데, 그 결과 돌무더기 위쪽 여러 곳에 장식되어 있었던 것으로 생각되는 석제 사자머리를 발견하였고(도판 19), 또한 돌로 쌓은 기단부를 덮고 있던 벽돌 퇴적, 그 앞쪽에 깔려 있던 돌무더기의 일부(도판 18), 그 밖에 궁전 기단에 깐 벽돌과 지붕을 덮었던 암키와, 수키와, 와당, 녹유, 치미 잔편 등이 많이 출토되었다.

석제 사자머리[6]에 대해 말하면, 발굴 첫해에 흙기단 왼쪽 날개 부분 동쪽에서 1개, 남쪽에서 잔편 1개, 앞쪽 동쪽에서 2개, 이듬해 앞쪽 중앙 동쪽에서 1개, 앞쪽 중앙 서쪽에서 2개가 출토되었는데, 아직 많이 묻혀 있을 것으로 생각된다(도판 97~100). 이 사자머리들이 궁전 앞쪽을 장식했던 웅장한 모습은 북경보화전(保和殿)에서 보는 그것으로 상상할 수 있을 것이다(삽도 10). 또 돌로 쌓은 기단부를 덮고 있는 벽돌 퇴적은 무늬가 없는 장방형 벽돌을 가로 방향으로 2~3척 높이로 쌓았는데, 부근에서 옆쪽에 당초문을 새긴, 같은 형태의 벽돌도 출토되었

---

6 동경제국대학 이학부 인류학교실의 赤堀英三의 감정에 의하면, 석사자의 석질은 섬록암(閃綠岩)과 검은 결정체가 섞여 있는 회록색 화산암질 등 2종류라고 한다. 그 모습에 대해서는 유물조를 확인하기 바란다.

삽도 10 북경 보화전

기 때문에 어쩌면 그 위쪽에는 이러한 무늬가 있는 벽돌을 겹겹이 쌓여 있었는지도 모르겠다.

그리고 이 궁전지 북쪽에 있는 흙계단을 내려온 곳에서 정면 5칸 측면 2칸의 건물지가 출토되었는데 아마도 뒷문으로 생각된다(도판 22). 이 문지 동·서 양쪽에서 치미, 지붕을 장식하는데 사용되었던 녹유와 잔편이 발견되었던 것은 주목할 만하다. 이 문지 양쪽에서 대체로 동서로 뻗은 복랑이 130척 정도 뻗어 있고, 이곳에서 다시 각각 단랑이 되어 두 쪽으로 나뉘는데, 하나는 그대로 동서 방향으로 30척 정도 이어져 양쪽 끝에서 확인되는 흙기단에 이어지며, 다른 하나는 북쪽으로 꺾여 제3궁전지 양쪽에 이른다(삽도 9 참조). 그러나 동서로 뻗어 있는 회랑지 양쪽 끝에 남아 있는 흙기단이 어떤 역할 때문인지는 분명하지 않다. 그 (지)표면에 기와편이 흩어져 있는 것으로 추측하면 어떤 건물이 있었던 것으로 생각해도 무리가 없을 것이다.

3) 제3궁전지

　이 궁전지는 제2궁전지 북쪽에 있고, 그 동쪽과 서쪽의 양쪽 가장자리로 뻗어있는 도로에 끼어 있는 흙기단이 있는데, 지표면에 이르는 곳마다 흙을 채취하면서 생긴 구덩이로 인해 유적은 심하게 파괴되어 있다. 어쩌면 궁전지 중에서 가장 황폐한 느낌을 주는 곳으로 생각된다(지도 3-C). 현재 궁전지 북서쪽 부분에 돌을 몇 개씩 중첩해서 쌓아 놓은 곳이 남아 있기 때문에, 이 흙기단 주위도 제2궁전지에서와 마찬가지로 돌로 쌓았다고 생각된다. 이 흙기단의 너비를 확실하게 잴 수는 없지만 대체로 동서 400척, 남북 100척 정도가 아닐까 한다(삽도 11). 흙기단 위에 크기가 다양한 초석도 흩어져 있는데, 물론 원래의 위치에 남아 있다고 생각되는 것은 한 개도 없다(도판 23~24).

　또한 흙기단 서쪽 가장자리에 마침 도로를 끼고 있는 곳에서 초석이 나란히 늘어선 유적이 발굴된 것은 주목할 만한 가치가 있으며, 문지로 추정해도 잘못은 없을 것이다. 또한 이곳보다 서쪽에 너비 10척 정도의 흙둔덕이 남북으로 뻗어 있는데, 그 앞쪽엔 돌로 견고하게 되어 있다(도판 25-1).

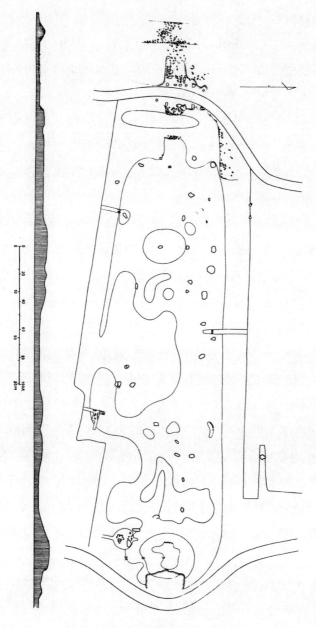

삽도 11 제3궁전지 실측도

4) 제4궁전지

이 궁전지도 높이 6척 정도의 흙기단으로, 그 사방을 돌로 쌓아 견고하게 하였다. 흙기단 중앙에 남아 있는 곱자 형태의 구덩이는 예전에 파노소프 등이 발굴했던 곳으로 초석이 한 개 드러나 있다. 이 밖에도 2~3개의 초석이 남아 있기 때문에, 이것들을 기준으로 초석 발굴에 노력한 결과, 정면 7칸 측면 4칸의 건물이 세워져 있었고, 그곳에서 남쪽으로 치우친 부분에서 동서 양쪽으로 단랑이 나오는 것을 분명히 확인하였다(지도 3-D, 삽도 12).

어느 것이나 정면 9칸이다. 초석은 대체로 현무암 용암이거나 화강암 재질로, 훌륭하게 양각과 음각으로 가공된 것도 있고, 또 그 위에 회반죽을 발라 단단하게 한 녹유와로 만든 기둥장식을 남기고 있는 것도 있다(도판 27~29). 초석 근처에서 나무 기둥에 사용되었을 것으로 생각되는 쇠못도 출토되었다. 쇠못 중에는 붉은 색이 묻어 있는 것도 있기 때문에 기둥에 붉은 색이 칠해져 있었음을 알 수 있다.

녹유 기둥장식은 어떤 것은 2개, 어떤 것은 3개, 어떤 것은 4개를 연결하여, 고리 형태로 만들어 사용한다. 특히 주목할 만한 것은 궁전 건물 안쪽에 있는 초석 위의 기둥장식으로, 고리 형태를 이루고 있으며 궁전 건물 바깥쪽 및 회랑 아래 초석에 놓여 있는 기둥장식은 안쪽으로 향한 부분만 반원형을 이루고 있다. 그것에 의하면, 궁전건물 및 회랑 바깥쪽이 벽으로 칸막이가 되어 있었음을 분명히 알 수 있다. 또한 서쪽 회랑(步廊) 서쪽 끝에는 두께 4~5촌에 달하는 벽 흔적이 남아 있다.

또한 이 (제4)궁전지와 제3궁전지 및 제5궁전지와의 연결은 이 (제4)궁전지 양쪽의 회랑에서 남쪽으로 뻗어 있는 단랑과 북쪽으로 뻗어 있는 복랑을 통해 왕래할 수 있는데, 특히 제5궁전지 사이에는 (제4)궁전

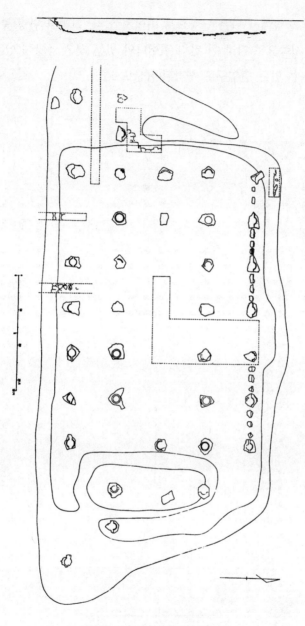

삽도 12 제4궁전지 실측도

지 북변 중앙에서 나온 단랑으로 이어져 있다. 그리고 단랑 중앙부에
동쪽과 서쪽으로 각각 한 칸씩 튀어나와 있는 것은 중앙에 있는 뜰로
왕래할 수 있는 출입구로 생각된다(삽도 13).

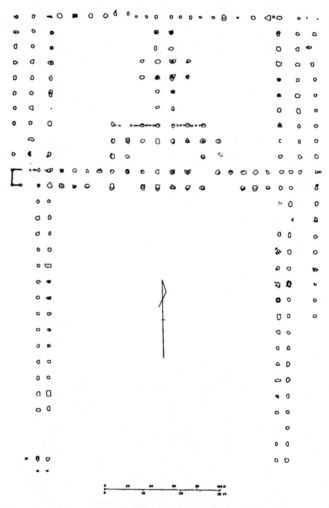

삽도 13 제4궁전지 및 그 회랑지 초석 배열

그 동쪽 끝에는 꽃무늬가 있는 방형전이 2장 뒤집혀 깔려 있는데, 그 바깥쪽이 약간 오목하게 되어 있는 것도 이를 증명한다. 또 이 회랑은 기둥과 기둥 사이에 벽이 없어서 바람이 자유롭게 통하는 구조로 생각되고, 초석 위에 놓여져 있는 녹유 기둥장식은 반원형으로 2개가 합쳐져 고리 형태를 이루고 있다.

5) 제5궁전지

제4궁전지 북쪽에 있는 궁전지도 이전에 화재를 당하였으나, 이것은 앞에서 기술한 궁전지들처럼 높은 흙기단 위에 남아 있는 것이 아니라 초석, 궁전 기단 및 벽 아랫부분 등이 농지 아래에 묻혀 있어 오히려 보존 상태가 좋다(도판 30).

이 궁전지는 본전(本殿)과 그 양쪽에 있는 건물로 나누어지는데, 본전은 동서 72척, 남북 50척 정도이며 초석 및 회반죽을 바른 기단면에 근거하면 정면 9칸 측면 5칸의 건물이었음을 알 수 있다. 초석은 대체로 평평한 자연석으로, 삽도 14의 위에 있는 것처럼 음각으로 가공한 것도 한두 개 남아 있다(삽도 15, 지도 3-E).

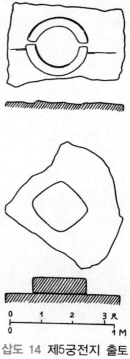

삽도 14 제5궁전지 출토 초석 실측도

이 궁전지는 본채(母屋)와 그 주변을 감싸고 있는 행랑칸(庇間)으로 나뉘어져 있다. 그 남쪽 행랑은 기둥과 기둥 사이에 벽이 없어서 바람이 자유롭게 통하는 회랑 아래에도 있는데, 기단면에는 회반죽이 두껍게 발라져 있다. 그 남쪽 제1열 초석 위에 있는 녹유 연꽃무늬 기둥장

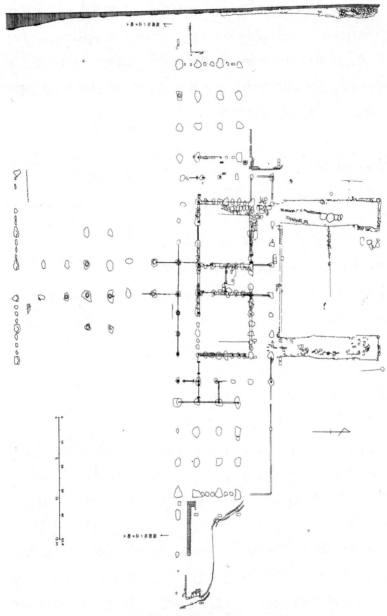

삽도 15 제5궁전지 실측도(水野실측, 松園 淨寫)

식이 동그랗게 놓인 채로 남아 있는 것이 주목할 만하다(도판 31~33). 또한 북쪽 행랑은 중앙의 작은 방과 좌우의 좁고 긴 방 등 세 개로 나누어져 있는데, 이쪽 가장자리의 유존 상태가 좋지 않기 때문에 이 상태를 명확하게 하기 어렵다. 그리고 동서 양쪽 행랑도 역시 좁고 긴 방으로 되어 있는 것으로 생각된다(삽도 15). 어떤 것이든 그 기단면은 회반죽을 발라서 단단하게 하였고, 남쪽 입구에서는 문틀을 받치는 돌 흔적이 확인되었다(도판 34~35, 삽도 16~17).

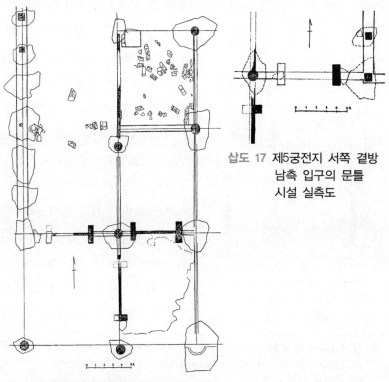

삽도 17 제5궁전지 서쪽 곁방 남측 입구의 문틀 시설 실측도

삽도 16 제5궁전지 동쪽 곁방과 그 동쪽방 실측도

본채(母屋)와 행랑(庇) 사이는 사방 모두 나무 기둥[7]을 빈틈없이 끼워 넣은 두께 약 1척의 벽으로 칸막이 되어 있다. 본채도 그 기단면은 회반죽이 발라져 있는데, 이것 또한 두께가 1척 정도의 칸막이 흔적으로 중앙의 좁고 긴 방과 그 동서 양쪽의 방형 방 등 3개로 나누어져 있음이 확인되었으며, 중앙에 있는 작은 방은 다시 남북으로 이어진 2개의 방으로 나뉘며, 앞방 남쪽에는 입구가 없으나 뒷방과는 북벽 동쪽에 있는 입구에 의해, 또한 좌우의 큰 방과는 동·서 두 벽의 남쪽에 있는 입구로 연결되어 있다. 또한 뒷방에는 북쪽에도 입구가 있어 북쪽 행랑과 이어져 있다. 모든 것에 불탄 흔적이 남아 있어서 그곳이 입구라는 것을 분명하게 보여주고 있다(삽도 18).

뒷방 기단면에서 마침 남벽과 서벽으로 이어지는, 동서 7척, 남북 약 5척, 높이 1척 정도의 기단이 있는데 이것은 몇 개의 납작한 돌을 붙여서 기단을 만들고 그 위를 모래와 황토로 견고하게 한 뒤, 다

삽도 18 제5궁전 중앙 작은 방
실측도

7 동경제국대학 농학부 조교수 猪熊泰三의 감정에 근거하면, 이 부분의 타다 남은 나무 기둥의 재목은 편백나무로, 아마도 가문비나무(エゾマツ) 또는 그와 비슷한 종류일 것이라고 한다. 더욱이 궁전지와 사찰지 곳곳에서 타다 남은 나무 기둥, 문짝, 문지방 등이 발견되었지만, 대체로 탄화 또는 풍화가 심하여 그 성질을 분명히 알 수 없다.

시 그 위에 석회를 2촌 정도의 두께로 발랐다. 아마도 붙박이 형태로 만든 침대가 아닐까 한다(도판 33).

동·서의 넓은 두 방은 한 변이 15척 정도인데, 여기서 서쪽 방에 대해서 말하면, 남쪽 중앙에 6척 정도의 입구와 북쪽의 동쪽 끝에 그것의 절반 정도 너비를 지닌 입구가 있다. 이 서쪽 방 북쪽 가장자리 바닥에서 일본의 "화동개진"이 출토되었는데, 이것은 우리의 쾌거가 아닐 수 없다.

그리고 주실(本室)에서 주목할 만한 것은 서벽 북반부에 이어진 너비 5척 정도의 흙기단이 남아 있고, 그것이 방을 지나 북쪽변으로 이어져 있는 것이다. 방 바깥으로 이어진 부분은 길이 50척, 너비 10척으로, 북쪽으로 뻗어 나가면서 그 높이가 높아져 몇 척에 이르는 것은 주의를 끈다. 이 흙기단의 위쪽 부분에는 평평한 돌이 늘어져 있고, 안쪽에는 너비가 각각 1척 2~3촌에 달하는 2줄의 벽돌로 쌓은 도랑이 뻗어 있다. 도랑 안쪽에는 그을음과 재가 채워져 있어 고래(煙道) 유적이라는 것을 추정할 수 있기 때문에, 아궁이(焚口)는 발견되지 않았지만 이 유적은 난방을 위해 설치된 것으로 추정된다. 흙기단 기초 바닥에는 겹으로 돌을 쌓고 그 돌로 쌓은 곳은 석회를 발라 단단하게 한 것으로 곳곳에 석회가 남아 있다. 또한 돌을 쌓은 곳에 이어진 나머지 부분에서는 크지 않은 나무 기둥이 불에 타면서 생긴 둥근 흔적이 확인되었으며, 그 부근에서 연화문와당, 암키와 등이 많이 수습된 것은 이 흙기단 위에도 기와를 얹은 건물이 있었다는 것을 의미한다.

동쪽 방 북쪽 입구의 흔적을 분명히 파악하지는 못했지만, 이 방도 서쪽 방과 대체로 같은 형태이며, 그 동쪽에 난방장치가 있었다는 것이 기단면에 남겨진 흔적으로 확인된다. 또한 북쪽의 고래를 절개하여 그것을 확인할 여유는 없었지만, 아마도 서쪽 방 북쪽의 그것과 같은 시설로 생각된다(도판 36).

또한 이 궁전의 좌우 양쪽에 각각 정면 3칸 측면 3칸의 건축물이 붙어 있는데, 거기서는 본전에서 확인되는 것과 같이 회반죽을 발라 단단하게 한 바닥 유적은 확인되지 않았다. 그리고 본전과 그 양쪽에 부속된 건축물과는 기둥을 달리하는 것처럼 기둥과 기둥 사이의 간격이 다르다. 또한 본전과 이 양쪽에 붙어 있는 건물과의 사이에도 각각 작은 방이 남북으로 이어진 것 같다. 그중 동쪽의 것에서는 방 세 개가 나란하게 늘어선 흔적이 확인되었다. 그 각각의 방 바닥은 회반죽을 발라 단단하게 하였는데, 특히 세 방 가운데 북쪽 방에 작은 벽과 그 잔편이 남아 있는 점이 주의를 끈다(도판 37-1). 또한 중앙의 방과 경계가 나란한 남쪽 방 서쪽에 입구가 남아 있는 것이, 바닥 문틀이 불에 타면서 남은 흔적으로 살필 수 있다는 것도 흥미롭다(삽도 16). 이곳과 마주하고 있는 서쪽 구역도 세 방으로 나뉘어져 있는 것 같은데, 현재 그 안 남쪽 방 동쪽 입구 흔적, 남쪽 방과 중앙에 있는 방 사이를 통하는 입구 흔적이 확인되었고, 중앙에 있는 방 서쪽 초석 위에서는 나무 기둥이 불에 타면서 생긴 흔적이 확인되었으며, 그 바닥에는 작은 벽이 그대로 떨어진 채로 놓여 있다(도판 37-2). 덧붙여 말하면 북쪽에 있는 작은 방의 바닥에서 기와와 벽돌로 감싼 사방 2척 정도의 아궁이 유적이 출토되었고, 그곳에서 많은 양의 목탄과 함께 소뼈, 아하비 조개 등이 발견되었다는 것[8]도 주목할 만한 일이다(도판 39-2).

앞에서 언급한 양쪽에 있는 건물(도판 41) 밖, 각각 남쪽 근처에서 동·서의 방향으로 무늬가 없는 장방형 벽돌을 쌓은 곳이 남아 있는데, 그중 동쪽에 있는 것은 비교적 잘 남아 있고, 길이가 20척 정도이며,

---

8 와세다대학 이공학부 수류화석연구실 直良信夫의 감정에 의하였다.

그 북쪽 가장자리에는 ∩ 형태의 작은 벽돌을 세로로 나란히 쌓아 견고하게 하였다. 아마도 각각 남쪽으로 뻗어있는 회랑 바닥의 북쪽 끝의 물받이로 생각된다(도판 42, 삽도 19).

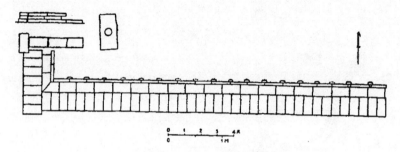

삽도 19 제5궁전지 동측 벽돌퇴적 실측도

이 동쪽 벽돌 북쪽 가장자리에 대체로 남북 방향으로 10척 정도 떨어져, 깃대를 세우는 돌처럼 지름 5촌 정도의 둥근 구멍이 있는 장방형 절석 3개가 늘어서 있는 것이 주목된다. 그중 남쪽에 있는 것은, 길이 2척 5분, 너비 1척 5분, 두께 5촌 5분이며, 다른 두 개의 돌도 대체로 그 크기가 같다(도판 42-2, 삽도 20). 그리고 동쪽에 있는 건물의 서북쪽 모서리로부터, 위에서 언급한 구멍이 있는 절석

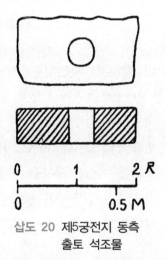

삽도 20 제5궁전지 동측
출토 석조물

사이를 지나, 약 50척 정도를 굽어 동남 방향으로 뻗은 도랑 유지가 확인된 것은 특기할 만하다. 이 도랑 유적은 아마도 오수를 흘려보내기 위한 것으로 생각되는데, 정말 그렇게 생각할 수 있다면 동쪽 날개

에 붙어있는 건물은 어쩌면 부엌 등으로 사용되었던 것이 아닐까 한다(삽도 21). 또한 이 도랑 유적에서 생선, 돼지, 양, 소 등의 뼈[9]에 섞여 있던 유리로 만든 작은 구슬이 발견되었는데, 이것에 대해서는 뒤에서 설명하겠다.

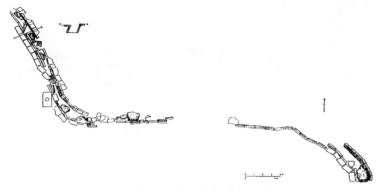

삽도 21 제5궁전지 동측 도랑지 실측도

6) 제5궁전 서전지

제5궁전 서쪽에서 33척 떨어진 곳에 있는 동서 90척 5촌, 남북 57척의 구역에서 정면 9칸 측면 5칸의 건물지가 발견되었다. 이 건물지 주변과 중앙에는 1칸의 복도가 있고, 중앙 복도, 또는 좁고 긴 넓은 칸으로도 볼수 있는 부분을 사이에 두고 동쪽과 서쪽 방 두 개가 나란히 있다. 동·서 두 방은 서로 마주하는 위치에 있고, 구조도 대체로 동일하다(삽도 22). 여기서 비교적 원래의 모습을 하고 있는 서쪽 방에 대

---

9 이 뼈들의 감정도 역시 直良信夫에게 의뢰하였다. 어류는 종명이 명확하지 않다. 돼지(Sus xittatus var. domesticus) 뼈는 오른쪽 아래 턱뼈·사지뼈 윗부분, 양(Ovis aries L) 뼈는 아랫턱·사지뼈 또한 소(Bos tauvus var. domesticus Gmelin) 뼈로는 요추뼈·대퇴골 아랫부분이 확인되었다.

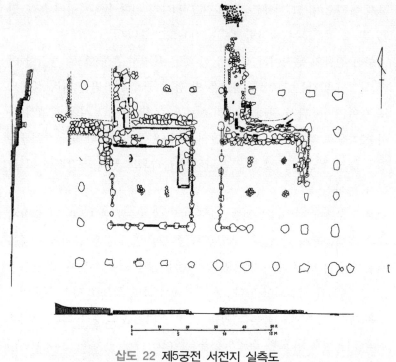

삽도 22 제5궁전 서전지 실측도

해 서술하면, 동서 28척 5촌, 남북 32척의 약간 남북으로 긴 장방형으로, 그 주변에는 남북으로 9개, 동서로 6개의 초석이 늘어서 있으며, 초석과 초석 사이에는 돌을 나란하게 이어서 벽의 기초를 만들었다. 초석 위에는 네모난 나무 기둥이 불에 타면서 새긴 흔적이 남아 있기 때문에, 이곳에 기둥이 세워져 있고, 그 기둥과 기둥 사이는 두께 9촌 정도의 벽으로 되어 있었다는 것을 분명히 알 수 있다. 남쪽 중앙 부분은 둘레벽(周壁) 아래를 쌓은 돌이 없는 대신에 길이 6척 정도의 불에 탄 문틀 흔적이 확인되어, (이곳이) 중심 건물의 입구였음을 말하는 것이라고 하겠다. 이 방안 바닥에는 회반죽을 5푼 정도 두께로 발라 단단하게 하였으며, 그 아래는 땅을 견고히 하기 위한 돌이 4곳에 놓여 있을 뿐, 초석으로는 생각할 수는 없다(도판 43-46).

중심 건물의 특징이라고 할 만한 것은 분명히 온돌(炕)로 생각할 만한 시설이 있다는 것으로, 온돌은 방 동편 중앙에서 벽을 따라 북쪽으로 뻗어 있고, 다시 북벽을 따라 서쪽으로 뻗다가, 그 서쪽 끝에서 다시 북쪽으로 꺾여 방밖으로 나온다. 온돌은 방바닥보다 평균 1척 1촌 정도 높게 쌓았는데 방 밖으로 나와서 북쪽으로 뻗어 나가면서 그 높이가 높아진다.

온돌 구조에 대해서 말하면, 그 측면은 암키와를 한 단 한 단 쌓아서 매우 훌륭하게 되어 있다. 내부는 중앙에, 측면과 같은 암키와 조각을 겹겹이 쌓아 만든 사이벽이 있고, 그것을 중심으로 좌우에 고래(일명 연도(煙道))가 시설되어 있다. 동벽 쪽에서 북벽 쪽으로 가면서 굽어진 곳은 매우 아름다운 곡선을 이룬다. 이 기와편들로 쌓은 고래 사이벽 위쪽에는 방형전 또는 장방형전을 깔았고, 다시 판석을 덮고, (다시) 그 위에 회반죽을 빈틈없이 발랐다(도판 47).

이 방의 온돌이 시작된 곳, 즉 동벽 중앙 부분은 두께 6촌의 벽인데, 아궁이로 생각되는 곳은 확인되지 않았다. 아마도 온돌 아궁이는 북쪽 방 밖에 있고, 연기는 한쪽의 고래를 지나 동벽 중앙부분에 이른 뒤 꺾여 다른 고래로 옮겨 가서 방 밖으로 배출되는 것으로 생각된다.

또한 중심 건물 북벽 밖에도 벽을 따라 같은 모양의 온돌 유적으로 생각되는 유구가 있다. 이것도 중앙에 벽돌로 쌓은 사이벽을 끼고 2줄의 고래가 있는데, 고래 위에는 판석을 차례대로 깔았으나 완벽하게 남아 있지 않기 때문에 그것이 앞에서 언급한 온돌과 연결되는 것인지는 확인할 수 없다. 또한 이 방 서벽 밖에도 같은 형태의 유구가 있고, 서벽을 따라 북쪽으로 뻗다가 서벽 끝에서 서쪽으로 방향을 바꾸어 뻗어 있는 점이 주목되지만, 이것에 대해서도 정밀하게 조사할 여유가 없었다.

예로부터 북중국 및 그 북쪽 지역에서 어떠한 형태로든 난방 장치를 사용하였다는 것은 『전한서』 권54 「李廣蘇建傳」에 흉노의 풍습을 기술하여 "鑿地爲坎 置溫火"라는 구절이 보이고, 『수경주』 권14 土垠縣, 즉 현재의 하북성 密雲縣 부근의 觀雞寺에 대해 "寺內起大堂甚高廣 可容千僧 下悉結石爲之 上加塗墍基內疎通 …… 炎勢內流 一堂盡溫"이라고 서술한 곳에서도 상상할 수 있다.[10] 게다가 송나라 徐夢華가 편찬한 『삼조북맹회편』 권3의 송 중화 2년 정월조에서 금나라의 풍토를 전하여 "環屋爲土床 熾火其下 與寢食起居 其上謂之炕 以取其煖"이라고 언급한 것은 앞에서 기록한 발해국의 유적에서 확인된 난방설비 유지를 가장 잘 설명하고 있는 것으로, 우리는 이 유구를 온돌의 그것으로 인정하는데 주저함이 없다. 그렇다면 앞에서 언급한 제5궁전지 본전에 남겨져 있는 이 장치들도 역시 온돌로 보아도 지장이 없을 것이다.

그리고 동쪽의 방은 동서 30척 5촌, 남북 33척으로 서쪽 방보다 크지만, 그 구조는 대체로 동일하다. 다만 온돌 구조에 대해서 양측 및 중앙에 있는 두 고래를 나누는 사이벽에 암키와를 사용하지 않고 전체적으로 벽돌(甎)로 쌓은 점이 다를 뿐이다(삽도 23).

---

10 북중국 및 그 부분에서 일찍부터 난방장치가 사용되었다는 것에 관해서는 鳥山喜一의 『渤海上京龍泉府に就いて』 및 『金初に於ける女眞族の生活形態』(小田先生頌壽紀念朝鮮論集 수록)의 온돌 설명조가 자세하므로 그것을 참조하기를 바란다.

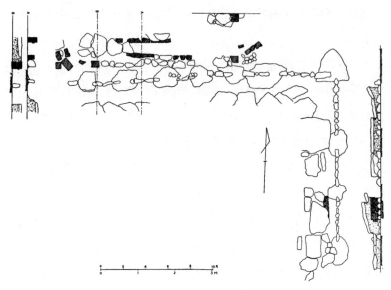

삽도 23 제5궁전 서전 동쪽 방 온돌유지 실측도

7) 제6궁전지

제5궁전지 북쪽 내성 가운데 가장 북쪽으로 치우쳐 있으며, 현재 그 주위에 흙벽 기단으로 생각되는 돌무더기와 남쪽의 좁은 문지가 남아 있다. 이 구획 안에서 마침 외성 북문지와 제5궁전지를 연결하는 일직선상에 높이 2척 정도, 동서 123척, 남북 60여 척의 흙기단이 있는데, 어떤 건물 유지로 생각할 수 있기 때문에, 임의로 제6궁전지라고 부르기로 한다. 아마도 후궁 유지로 생각된다(지도 3-G).

외성 북문에서 내성 안의 여러 곳으로 통하는, 주민들이 사용하는 도로가 이 흙기단을 가로지나고 있으며, 그 주변에 3개의 초석이 드러나 있다. 모두 지름이 4~5척에 달하는 불규칙한 자연석을 이용한 것이나, 그 표면은 깎아서 반듯하게 만들었다. 이 초석들을 기준으로, 흙기단 안쪽을 발굴하여 동서 12열, 남북 6열의 초석을 발견하였으므로,

이곳에 정면 11칸, 측면 5칸의 커다란 궁전지가 있었다는 것이 추측할 수 있다. 다만 이 궁전지는 본채와 사랑채의 구별이 없었던 것처럼, 초석이 전면적으로 서로 대응하여 발견된 점은 주목할 만하다(도판 48-1, 삽도 24-1). 그 기둥 사이는 대체로 11척 5촌이다.

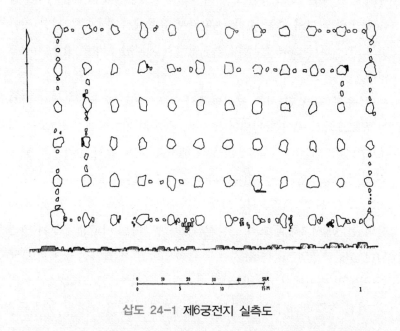

삽도 24-1 제6궁전지 실측도

흙기단 주변이 무너져서 첫 번째 열의 초석은 지표면 아래 5~6촌 깊이에서 출토되었는데, 안쪽 것은 1척 4~5촌에 달하는 흙이 덮여 있었다. 그리고 첫 번째 열 초석 사이에는 작은 돌을 늘어서 있고, 두 번째 열 초석 사이에는 곳곳에 무늬가 없는 장방형 벽돌이 놓여 있었던 것이 주목할 만한데, 어떤 초석의 위에서도 기둥장식은 남아 있지 않았던 것 같다. 또한 궁전지 동북쪽 모서리에 두께 1촌 정도의 회반죽이 발라져 있는 바닥면 약간이 남아 있기 때문에, 흙기단 바닥은 회를 발라 단단하게 한 것으로 생각된다. 이 바닥면은 초석 면과 대체로 수평을 이룬다.

또한 흙기단 안쪽에서 불에 탄 흙이 확인되었고, 초석에서도 불에 그을린 흔적이 뚜렷한 것, 나무 기둥이 불에 타면서 생긴 흔적이 동그랗게 남아 있는 것도 있는데, 이러한 것은 이 궁전이 화재를 당하였음을 분명하게 보여 주는 것이다. 따라서 유물에서도 특기할 만한 것은 없고, 겨우 쇠화살촉 한 점이 쇠덩어리와 기와편에 섞여 출토된 정도이다.

이 유지 동쪽 및 서쪽 보리밭에서 90척 정도 떨어진 곳에서 약간 높게 도드라진 곳이 확인되어 조사한 결과 지표면 아래 2척 깊이에서 초석이 출토되었다. 서쪽 것은 초석 배치로 보면, 동서 49척 5촌, 남북 38척 정도의 정면 5칸 측면 4칸의 건물이 있었던 것을 알 수 있고(도판 48-2, 삽도 24-2, 지도 3-H), 그것과 마주하는 동쪽의 것은 약 30척 평방의 범위에서 4개의 초석이 발견되었을 뿐, 다른 어떠한 유구가 발견되지 않았다. 또한 동쪽 유지에서 남쪽으로 87척 떨어진 곳에서도 50척 평방의 범위에서 기와편과 함께 4개의 초석이 출토되었지만, 이것도 어떤 성격의 유적인지 분명하게 하기가 어렵다.

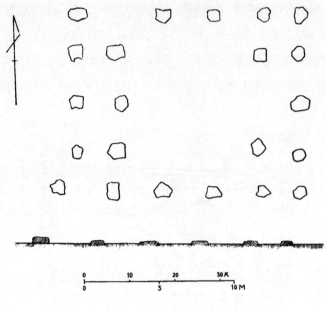

삽도 24-2 제6궁전지 실측도

8) 금원지

　발해 군신들이 연회를 했던 금원지는 내성 동쪽 부분에 동서 약 2町,
남북 약 3町 되는 구역을 차지하고 있고, 그 주변은 높이 수척에 달하
는 석벽으로 둘러싸여 있다(도판 49). 금원 중앙에 긴지름 1町 반, 짧
은 지름 약 1町의 연못을 만들고, 이 연못 동서 양측 흙벽을 따라 각각
작은 구릉을 쌓아 마주하게 하였으며, 또한 연못 중간에도 2기의 가산
(假山)이 만들어져 있다. 연못 남쪽과 북쪽은 평지이지만, 북쪽이 남쪽
보다 약간 높아서, 남쪽 방향으로 약간 경사를 이루고 있다. 그리고 연
못 동·서 양쪽에 있는 작은 구릉도 연못에 있는 산을 감싸고 남쪽으
로 열려 있기 때문에, 전체적으로 보면 금원은 북쪽이 높고 남쪽이 낮

아서, 남면하는 형태로 조영되어 있음을 알 수 있다(도판 50, 삽도 25, 지도 2-Ⅱ). 건물은 곳곳에 남아 있는 것으로 생각하며, 연못 북부 경사면 중앙에 몇 개의 초석이 드러나 있는 것 이외에, 연못 중간에 있는 가산과 연못 남쪽의 평탄한 곳에서도 약간의 초석이 확인되었다.

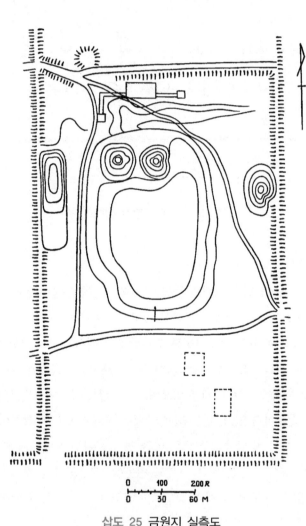

삽도 25 금원지 실측도

조사는 먼저 북부 평지, 현재 보리밭이 된 곳에 남아 있는 초석 노출부터 시작하였다. 초석이 있는 곳은 높이 약 3척, 동서 90척, 남북 약 50척에 달하는 흙기단으로, 주변에 돌담장은 없는 것 같다. 땅은 남쪽을 향해 경사를 이루고 있기 때문에 흙기단의 남쪽은 깎여 나가, 그곳에서 초석이 드러난 것이다. 그 초석은 자연석의 윗면을 평평하게 다듬은 것으로 지름이 3척 내지 5척에 이르며, 모두 8개를 남기고 있고, 초석 간의 중심 거리는 11척 5촌이다. 이러한 것을 기준으로, 성토 중심을 발굴하고 나머지 초석을 발견하여 정면 7칸 측면 4칸의 건물 유지를 확인할 수 있었다. 그것도 본채와 행랑으로 나뉘어져 있는 것 같지만, 중앙 부분에서는 초석이 출토되지 않았다(도판 51~52, 삽도 26).

이 궁전지 남쪽의 1척 3촌 정도 낮게 되어 있는 곳에서는 정면 4칸 측면 2칸의 현관이 남아 있었음을 알려 주는 초석이 출토되었고, 또한 동·서 양쪽에서는 대체로 단랑 유적이 발견되었다. 현관의 기둥 간 거리는 11척 5촌이며 그 초석은 소형으로 만들어 간단하게 양각으로 다듬은 것이 주의를 끈다. 또한 동쪽에 있는 회랑은 길이 60척이며, 그 끝 부분에는 20척 평방너비에 정면 3칸, 측면 3칸의 작은 건물이 남아 있음을 알 수 있는 초석이 확인되었다. 이 초석도 남쪽에 있는 것은 간단하게 양각으로 다듬어져 있다. 서쪽 회랑지는 길이 약 70척, 남쪽으로 꺾여 60여 척 뻗어 있으며, 전자와 거의 같은 크기의 정면 3칸, 측면 3칸의 건축 유지에 이어져 있다(도판 53). 그러나 이 초석들 중에는 양각으로 다듬어져 있는 것이 하나도 없다.

유물로서는 중앙의 본전지 서북쪽 모서리 초석 옆에서 철제 문지도리 장식이 수습된 것을 제외하면 특별히 기록할 만한 것은 확인되지 않았다.

연못 중간의 가산 중에서 서쪽에 위치한 것은 불규칙한 원형으로,

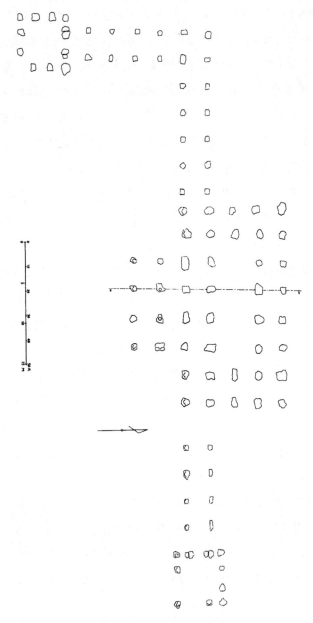

삽도 26 금원 중앙전지 실측도

기저부의 지름은 약 100척, 높이는 약 9척이며 그 꼭대기의 지름 약 30척 정도가 약간 평탄하게 되어 있는데, 그 부분은 앞에서 언급한 중앙 궁전지 높이와 같다. 이 작은 산은 전체적으로 잡초로 덮여 있고, 산 꼭대기와 중턱에서 녹유가 시문된 연꽃무늬 형태 기둥장식과 기와편들이 많이 흩어져 있는데, 궁전지 및 사찰지에서 출토된 것과 비교하면 그 모양이 작다. 산꼭대기를 발굴하자 약 1척 5~6촌 깊이에서 초석이 드러났다. 초석은 모두 12개로, 그 중앙에 있는 4개의 중심거리는 약 10척이며, 그것을 감싸고 8개가 남아 있어서 팔각정 유지임을 보여준다(도판 55, 삽도 27).

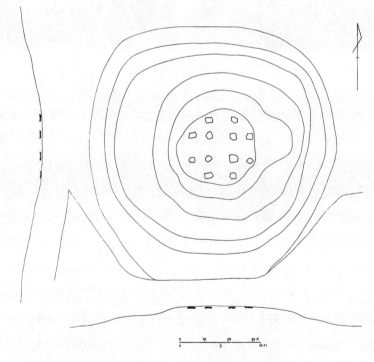

삽도 27 금원 서쪽 가산 정자 유지 실측도

아마 지붕도 역시 팔각형으로 생각된다. 그 전체 모습은 일본 법륭사에 전해지는 산거탄금경(山居彈金鏡) 뒷면에서 볼 수 있는 산정도(山頂圖)와 대영박물관소장 돈황불화에 표현된 팔각정 등에 근거하면 그것을 알 수 있다(삽도 28).

삽도 28 산거탄금경과 돈황불화

이 가산 동쪽 산중턱에 약간의 평지가 있고, 이곳의 너비 4척, 길이 12척 정도 범위에 초석이 있는 것이 확인되었지만, 어떤 목적을 위한 것인지 분명히 알 수 없다. 어쩌면 이곳에 동쪽 가산과 이어진 다리가 만들어져 있었고, 이것이 그 기단인지도 알 수 없다.

동쪽 가산은 크기와 높이 모두 서쪽의 것과 대체로 같지만, 동쪽에서 형태가 일정하지 않은 구덩이가 확인된 점이 서로 다르다. 산곡대기에 있는 유지는 일찍이 파노소프가 조사했던 것으로 2~3개의 초석이 풀 위에 드러나 있었기 때문에, 이것을 기준으로 초석을 확인한 결과 팔각정지임을 확인할 수 있었다. 이것도 초석과 초석 사이는 10척으로, 앞에서 서술한 서쪽 가산과 같은 형태의 건축물이 있었음을 알 수 있다. 이 유지 동쪽과 서쪽에 각각 2개의 초석이 있는데, 아마도 부속 건물지로 생각된다. 또 서북쪽 경사지에도 초석 2개가 굴러 떨어져 있다(도판 54, 삽도 29).

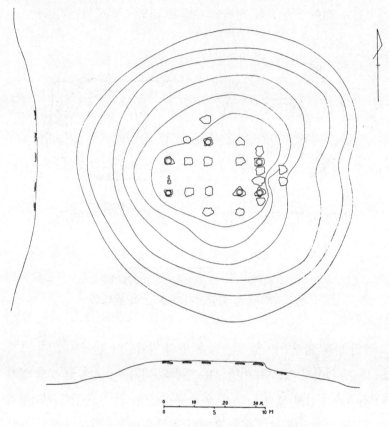

삽도 29 금원 동쪽 가산 정자 유지 실측도

동·서쪽 가산에서 발견된 유물 중에서 특별히 기록할 만한 것은 연꽃잎 모양의 기둥장식으로, 이것은 지난날의 연못에 있던 정자의 우아하고 아름다운 자태를 떠오르게 한다.

또한 동쪽 가산에 대해 주목할 만한 것은 삽도 30같이 초석 가운데를 양각으로 다듬은 것과 음각으로 다듬은 것, 치미 잔편과 완전한 형태를 갖추고 있는 녹유를 바른 소형 와당 등이 출토된 것이다. 또한 기와편에 섞여 금동장식 잔편을 수습한 것도 간과해서는 안 된다.

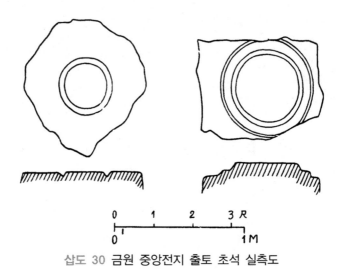

삽도 30 금원 중앙전지 출토 초석 실측도

금원 남쪽 평탄한 지역에는 많은 양의 기와편이 흩어져 있고, 초석도 몇 개 엎어져 있으며, 어떤 것은 원래의 위치에서 옮겨진 것도 있지만 건축물의 전체 모습을 알 수 있는 유구는 없다. 시험 삼아 기와편의 분포상태로 추정해 보면 60척 평방의 범위와 30척~ 70척 정도의 규형으로 생긴 장소에, 적어도 2개의 유적이 나란히 있었던 것으로 생각해 볼 수 있다. 또한 연못을 사이에 두고 동·서로 마주하여 성벽 가까이에 쌓여 있는 두 구릉 위에는 기와편조차도 흩어져 있지 않으므로 이곳에는 당시 어떠한 건축물도 조영되어 있지 않았던 것으로 생각된다.[11]

4. 사찰지

『신당서』「발해전」에는 "발해 백성들이 그 나라 왕을 가독부(可毒 夫)라고 부른다."라고 기록되어 있는데, 이 가독부를 부처의 대음(對 音)으로 생각하고, 이 나라에 불교가 성행하였므로 이러한 존칭이 사 용되었을 것으로 설명하는 학자도 있다.[12] 또한 대조영이 당나라에 왕 자를 보내 불사 예배를 청했던 사실[13]도 잘 알려진 바이다. 그렇다면 이 나라의 도읍지에 사찰지가 많이 남아 있다는 것은 우연이 아니며, 우리가 중앙 대로를 사이에 두고 동서로 마주하고 있는 6개의 사찰지 를 발견한 것도 이미 언급한 바이다. 그러나 그중에서 우리가 조사한 것은 다음의 4곳이기 때문에 이것에 대해서만 설명을 하려고 한다.

1) 제1사찰지

도성 남쪽에 있는 남대묘(南大廟)는 예전에 동쪽 구역 제9도로 첫 번째 마을(第1坊)에 있는데, 『성경통지』 권26에서는 석불사(石佛寺) 로, 『영안현지』 권3에서는 흥륭사(興隆寺)로 불리던 것이며 현재 동서 150척, 남북 360척 정도를 차지하고 있다. 그 주위는 용암으로 견고하 게 쌓은 담이 둘러져 있다. 남문에 이어 남쪽에서 북쪽으로 4채의 불당

---

11 그러나 『영안현지』에서는 이 연못을 양어지로 부르고, 연못을 사이에 두 고 동서로 마주하여 성벽 가까이에 있는 두 구릉을 전부 조어대로 부르고 있다.

12 稻葉岩吉의 『增訂滿洲發達史』 및 『滿洲國號の由來』(朝鮮第227號) 참조.

13 『책부원귀』 권971 「조공조」 참조. 또한 『경국집』 권10에는 安倍吉人 및 島田渚田이 발해 사신이 부처를 예배한 것을 감동하여 지었다는 시가 실 려 있고, 그밖에 慈覺大師의 『입당구법순례기』에는 발해 승려 정소가 일 본 승려 영선을 애도한 시가 보인다. 이렇게 영세한 자료에서도 발해에 불교가 성행하고 있었다는 것을 엿보아 알 수 있다.

이 늘어서 있고, 동서 양쪽에도 대체로 2채씩 건물이 있다(삽도 31, 지도 2-IV). 사찰 안쪽 한 모퉁이에서 완전한 형태를 띤 발해시대 수키와와 꽃무늬가 있는 장방형전, 방형전 잔편 등이 수집되었으나 와당은 한 점도 줍지 못했다. 아마도 앞에서 언급한 와전류는 궁전지 부근에서 옮겨진 것으로 생각된다.

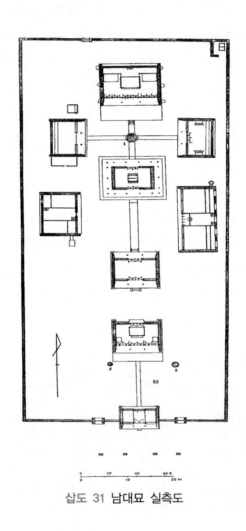

삽도 31 남대묘 실측도

그런데 남문으로 들어가면 곧 사찰 앞에 연화문 문양이 조각된 석조물들이 무질서하게 쌓여 있는 것이 보이는데, 아마도 발해 시대의 석등 잔편으로 생각된다(도판 58, 삽도 32~33).

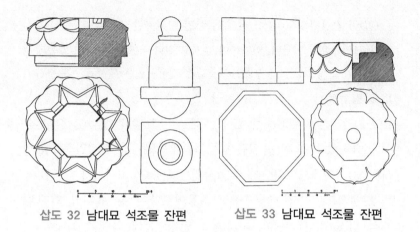

삽도 32 남대묘 석조물 잔편   삽도 33 남대묘 석조물 잔편

본당(奧殿)에 이르면 그 앞에 있는 현무암으로 만들어진 석등이 주의를 끈다. 이것이야 말로 이 사찰지가 옛날의 사지였다는 것을 웅변하고 있는 것으로,『金史詳校』권3상 상경로조에 인용되어 있는 청나라 초기 張賁의『백운집(白雲集)』에

성 남쪽에 옛 절터가 있고, 돌을 쪼아 커다란 불상을 만들었는데 그 높이가 6척이다. 비바람에 깎이고 이끼가 선명하지만 불상은 장엄하여 그 조각 솜씨가 교묘하다. 지금 (불상) 머리가 떨어졌으나 일삼기를 좋아하는 사람이 그것을 원래대로 해 놓았다. 앞쪽에는 석부도가 있는데 팔각형이다(城南有古寺 鏤石爲大佛 高丈有六尺 風雨侵蝕 苔蘚斑然 而法相莊嚴 鏤鑿工巧 今墮共首 好事者裝而復之 前有石浮屠八角形).

라는 구절이 보이며,

　그 얼마 뒤에 이 지역을 답사한 高士奇는 그의 『호종동순일록(扈從東巡日錄)』에서

　(자)금성(상경성의 내성) 밖에 돌로 만든 커다란 불상이 있는데, 높이가 거의 3장에 이른다. 연화문이 받치고 있다. 앞에는 석탑이 있는데 동쪽으로 약간 기울었다(禁城外有大石佛 高可三丈許 蓮花承之 前有石塔 向東小欹).

라고 서술하였고, 그 외 수많은 방문객들에게 감흥을 불러일으켰던 석부도(석탑)임에 틀림없다. 이 석탑(사실은 석등)은 고사기가 기록한 것처럼 전체적으로 약간 동남쪽으로 기울어졌다. 상륜, 옥개석, 화대석, 중대석, 탑신, 기단석은 따로따로 돌로 만들었는데, 옥개석, 화대석, 기단석은 팔각형이고 중대석은 연꽃잎을 형상화하였으며, 탑신은 원주형이고, 기단석은 그 윗부분에 연꽃잎무늬를 새겨 놓았으나 그 절반 아래는 땅속에 묻혀 있다. 이 아래 절반의 모습은 우리가 실측 및 촬영을 위해 기단석 주변을 적당한 깊이로 파 내려갔을 때, 그 팔각형의 한 면 한 면에 힘차고 거침없는 연꽃잎 모양이 새겨져 있는 것을 명확히 알 수 있었다(도판 56, 삽도 34).

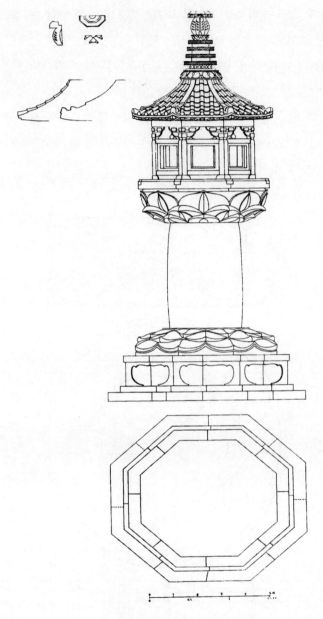

삽도 34 제1사찰지 현존 석등 실측도

이렇게 해서 높이 1장 9척 정도인 전체 모습을 확인할 수 있었는데 그 탑신 크기와 불룩한 모습에서는 형언할 수 없는 힘과 안정감을 느끼게 했다. 아마도 이 구멍이 많은 검은색 현무암이 자아내는 분위기를 마주한다면 그 누구라도 소박한 발해인의 혼을 느낄 수 있을 것이다. 또 이 석등 옆에는 연꽃잎을 조각한 원형의 석조품이 남겨져 있다 (도판 58, 삽도 35). 이것도 어쩌면 같은 시대의 것이겠지만 어떤 목적에서 사용된 것인지는 분명하지 않다.

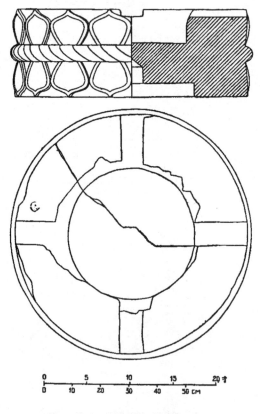

삽도 35 남대묘 석조물 잔편

본전 안에는 현재 아주 화려하게 색칠된 높이 3~4척의 소조불이 안치되어 있는데, 현지인들이 석불을 만들어서 대체한 것이라고 한다. 앞에서 언급한 『백운집』에 근거해도, 또한 『성경통지』에 근거해도 석불이 남아 있었다는 것을 알 수 있으므로, 그 말이 신뢰할만한 것인지도 알 수 없다. 다만 그것을 확인할 수 없었기 때문에 앞으로의 조사를 기대한다.

　　본전의 동·서 양쪽 가장자리에 초석으로 사용된 석재는 아마도 발해 시대에 사용됐던 것으로 추측되지만, 초석 간의 거리가 좁은 것을 보면, 원래 위치에 있었던 것으로는 도저히 인정할 수 없다(삽도 36).

삽도 36 남대묘 본전 초석

2) 제2사찰지

우리가 서쪽 구역 제9도로 첫 번째 마을(第一坊), 곧 중앙대로를 사이에 두고 앞에서 서술한 남대묘와 마주한 위치에서 발견한 사찰지는 높이 약 5척의 흙기단 위에 남아 있다. 예전에 화재를 당하였는데, 특히 그 서쪽 부분은 현재 주민들에 의한 경작으로 파괴되었으나, 발굴로 확인된 초석과 회반죽을 바른 바닥면으로 추정하면, 이 사찰은 정면 5칸 측면 2칸의 안쪽 건물(內陣)과 이것을 감싸고 있는 정면 7칸 측면 4칸의 바깥 건물(外陣)로 나뉘어져 있는 것이 분명해졌다(도판 59~60, 삽도 37~38, 지도 2-Ⅶ).

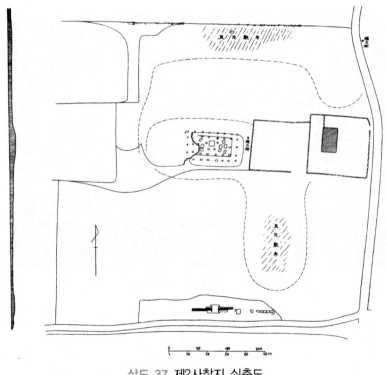

삽도 37 제2사찰지 실측도

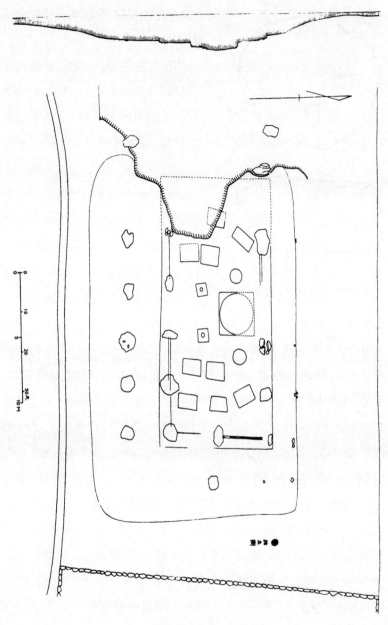

삽도 38 제2사찰지 실측도

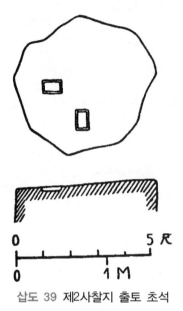

삽도 39 제2사찰지 출토 초석

초석은 현무암 또는 화강암을 반듯하게 다듬어 사용한 것이나, 양각으로 다듬은 것은 없다. 다만 안쪽 건물 동북쪽 모서리에 있는 초석과 바깥 건물 남쪽에 있는 초석에는 1촌 정도 깊이의 장방형 구멍 2개가 남아 있는 것이 있다(도판 61-2, 삽도 39).

그리고 바깥 건물은 안쪽 건물보다도 한 단 낮게 되어 있고, 그 경계에는 회반죽을 바른 벽이 둘러싸고 있는 것이 확인되었으며, 동쪽과 남쪽 일부분, 북쪽에서 서쪽으로 치우친 일부분에 그 흔적이 남아 있다. 회반죽을 칠한 안쪽 건물 바닥에서 마찬가지로 회반죽을 발라 단단하게 만든 낮은 기단, 모두 15개가 확인되었다. 그중 정면에 위치한 것이 가장 커서 높이 1척에 달하고, 그 북쪽 가장자리는 없어졌지만 넓이는 10척 평방 정도이다. 그 중앙에 회반죽을 칠하지 않은 부분이 있는데, 그 지름이 10척 정도인 것이 주의할 만하다. 나머지 14개는 이 기단 앞쪽에 1개씩, 좌우에 6개씩 각각 마주하고 있다. 앞쪽에 있는 것은 높이 2촌, 한 변 3척 2촌 정도의 방형이며, 중앙에 지름 9촌 정도의 얕은 원형 구멍이 뚫려 있다. 또한 좌우 대칭으로 배치되어 있는 것은 어느 것이나 높이가 수촌에 달하며, 그 중에는 지름 3척 8촌 정도의 원형으로 된 것도 있고, 또 한 변이 4척, 한 변이 5척 정도의 장방형으로 생긴 것도 있다. 이 기단들 중에서 중앙에 있는 가장 큰 것은 물론 본존을 안치했던 좌단으로 생각된다. 그 중앙의 회반죽이 칠해져 있지 않은 부분에 황갈색 흙이 섞여 있고, 현무암을 다듬어서 만든 석탑 보주와 기타의 많은 돌덩어리들이 확인된 것은, 이곳에 땅을 견고하게 하였다는 것을 보여준다. 또한 이 수미단 양쪽에 나란히 있는 장방형 또는 원형 기단이 본존에 대응하는 협시보살들이 안치되었던 곳이란 생각은 누구도 이의가 없을 것이지만, 본존을 안치한 좌단 앞쪽 좌우에 나란히 있는 낮은 방형 기단 가운데 둥근 구멍이 어떠한 목적으로 만들어진 것인가는 선뜻 확정하기 어렵다. 다만 그것을 일본 대화 시대의 當麻寺에 비교해 보면, 이 절의 금당에 안치되었던 본존과 협시의 위치가 이 사찰지의 그것과 동일하다는 것이다. 가장 흥미를 끄는 것은 본존 대좌 앞쪽에 꽃을 꽂는 원통을 상감한 낮은 기단 2개가 있는데 그 형태가 이 사찰지의 그것과 매우 비슷하다는 점이다. 아마도 이 사찰지 본존 앞쪽에 있는 둥근 구멍이 있는 기단은 동일한 목적으로 만든 것으로 생각된다(도판 61-1).

이상에서 서술한 바에 의해서 이 유적이 금당지라는 것은 대체로 분명해졌지만, 전체적으로 어느 정도의 규모로 지어졌는지를 확인하지 않으면 안 된다. 우리는 이 금당지에서 북쪽으로 180척 정도 떨어진 농지에 기와편이 흩어져 있고, 초석이 2개 정도 남아 있는 것을 발견했는데, 아마도 강당지로 생각된다.

또한 우리는 앞에서 서술한 금당지에서 남쪽으로 약 300척 떨어진 곳에서 문지를 발견하였으나 탑지로 추측될 만한 장소는 확인하지 못하였다. 그래서 이 사찰 전체 배치를 분명하게 확인하지 못한 것은 유감이다.

문지에는 약 10척 정도 떨어져 현무암이 나란히 놓여 있다. 그것과 이어진 동·서 양쪽에는 너비 3~4척의 돌무더기가 남아 있으므로, 땅을 다지기 위해 쌓았던 기단 부분으로 생각된다. 특히 주목할 만한 것은 문기둥이 있었을 것으로 생각되는 위치에 화강암을 잘라 두께 4촌,

길이 2척 정도, 폭 1척 정도의 장방형으로 만들고, 그 표면에 깊이 3푼 정도의 작은 구멍을 뚫은 것이 서로 마주하여 나란하게 남아 있는데, 그 간격은 7척 4촌 5분이다(삽도 40).

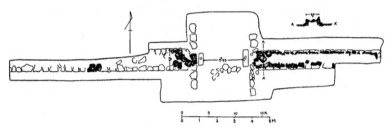

삽도 40 제2사찰지 문지 실측도

이 사찰지에서 발견된 유물로서 특기할 만한 것은 본존을 안치했던 좌대 아래에서 유리로 만든 작은 병 잔편이 석탑 보주에 덮인 채로 발견되었고(도판 111-9 · 10), 또 이 대좌 부근에서 소조불 잔편이 출토되었으며, 안쪽 건물의 벽을 장식하고 있던 많은 양의 벽화 세부 잔편이 수습된 것으로, 이 유물들에 관해서는 항을 바꿔서 다루도록 하겠다.

3) 제3사찰지

현재의 동경성 시내 북쪽 변두리 근처, 즉 고성 안 동쪽 구역 제5도로 두 번째 마을(第2坊)에 흙기단 하나가 남아 있다. 커다란 느릅나무 그늘에 작은 사당 2개가 나란히 세워져 있는 모습은 행인들에게 감흥을 불러 일으키곤 한다(도판 62). 이 흙기단이야말로 전불들이 많이 출토된 사찰지라는 점이 분명하지만, 이 또한 화재를 당한 흔적이 확인된 데다가, 그 동쪽 편에 현재 자갈이 산처럼 쌓여 있어, 충분히 조사하지 못한 것은 깊은 유감이었다(지도 2-VII).

발굴 결과, 첫 번째 열 초석은 남쪽에서 4개, 서쪽에서 5개가 출토되었고, 두 번째 열의 그것은 남쪽에서 2개가 확인되었는데, 다음에 서술할 제4사찰지의 평면과 함께 생각해보면, 정면 5칸 측면 4칸의 건물이 있었던 것으로 추측된다(삽도 41-1).

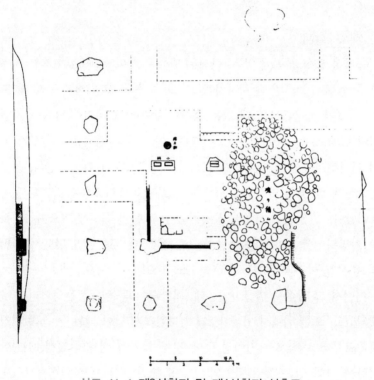

삽도 41-1 제3사찰지 및 제4사찰지 실측도

초석은 모두 납작한 자연석을 이용하였으나 양각으로 다듬은 것은 없다. 두 번째 열 초석 사이를 이어주는 두께 8촌 정도의 벽 유적이 남벽·서벽 및 북벽 일부에 남아 있는데, 말할 것도 없이 안쪽 건물과 바깥쪽 건물로 나뉘어져 있는 것으로 생각된다. 바닥면에서는 회반죽을 바른 흔적이 확인되었다. 안쪽 건물 안에는 그 주위를 돌로 견고하게 한 수미단으로 추측되는 기단이 남아 있는데, 이 기단 앞쪽에서 작은 전불입상·전불좌상이 발견되었다. 또한 이 기단 뒤쪽에서 소조불 나발, 천부상 얼굴 잔편, 기타 애벌구이 또는 삼채유약을 바른 연꽃잎 장식이 수습된 것도 간과해서는 안 될 사안이다(도판 63~64, 112~115).

4) 제4사찰지

동경성 도성 서쪽에 있는, 현재 주민들이 시띠(xidi, 西地)라고 부르는 곳에 불에 그을린 솥 하나가 있고, 그 남쪽 곧 고성 서쪽 구역 제5도로 첫 번째 마을(第1坊)에 있는 흙기단 동북쪽 모서리에 납작한 자연석이 남아 있는 것을 확인하고 우리는 이 유지의 성격을 파악하기 위해 이곳부터 6척 너비의 트렌치를 서쪽 방향으로 팠다. 그 결과, 돌로 견고하게 한 곳과 커다랗고 평평한 돌을 남북으로 2개 늘어놓은 곳이 드러났다. 그 돌들의 북쪽 가장자리는 거의 동일 선상에 있으며, 그 북쪽 가장자리를 따라 회반죽을 5~6촌 정도 너비로 발라 단단하게 한 벽 유지가 발견되었다(도판 65, 지도 2-XI).

이어서 그 남쪽을 발굴하였는데, 회반죽이 묻어있는 돌덩어리가 출토되었고, 또한 위에서 언급한 2개가 나란하게 남아 있는 돌 북쪽 가장자리로부터 15척 3촌 떨어진 곳에 길이 약 9척 정도의 절석(切石)이 나란히 남아 있는 것이 확인되었다. 또한 이 절석에서 남쪽으로 1척 정도 떨어진 곳에서 작은 청동불 머리 부분이 발견되었는데, 이것에서도 화재를 당했던 흔적이 뚜렷하게 확인되었다.

아마도 이 자연석과 절석을 깔아 놓은 곳은 남북 15척 3촌, 동서 31척의 네모반듯한 모양의 수미단 유지로 생각된다. 그러므로 이 기단 주위를 발굴하여 초석을 발견하려고 노력하였으나 대체로 이미 옮겨진 것은 유감이었다. 그러나 그것에 근거하면 정면 5칸 측면 4칸의 바깥 건물과 정면 3칸 측면 2칸의 안쪽 건물로 구성된 사찰이 있었음이 파악되었고, 기둥과 기둥 사이의 간격이 대략 11척 정도라는 것이 확인되었다(삽도 41-2). 특히 앞에서 서술한 회반죽을 발라서 견고하게 한 선은 안쪽 건물과 바깥쪽 건물 사이를 나누는 벽유지라는 점이 명확해졌다는 것은 특기할 만한 것이지만, 현재 북쪽 가장자리와 동쪽 가장자리 북쪽 부분만 남아 있다. 또한 바깥 건물 바깥쪽을 둘러싸고 있는 벽 유적은 북쪽 가장자리의 것 외에는 거의 확인할 수 없다.

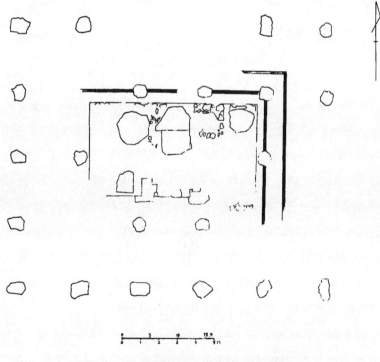

삽도 41-2 제3사찰지 및 제4사찰지 실측도

유물에 대해서 말하면, 북벽 유지와 수미단 북쪽 가장자리와의 사이에서 불에 그을린 흙에 섞여 있던 소조불 나발과 전불 좌상이 출토된 것은 주목할 만하다. 전불은 몇 십 점이 출토되었지만 모두 같은 유형에 속하는 높이 2촌 2분 정도의 소형이다. 그 밑바닥에 쇠못을 붙어있는 것으로 추측하면, 아마도 후술하는 것처럼 안쪽 건물 북벽 한쪽 면의 작은 감실 또는 나뭇가지를 장식화한 기단 등에 꽂아 천불상으로 삼았던 것임에 틀림없다.

그 밖에 초석 발굴 과정에서 쇠화살촉 1점이 수습되었다.

5. 기타 유지

이상의 여러 유적 이외에 한 가지 더 언급할 만한 것은 시가지 북쪽 가장자리 및 서쪽 가장자리에 있는 참호 황토벽에서 확인된 장방형 또는 밑바닥이 뾰족한 삼각형의 단면을 보이고 있는 수혈에 대한 것이다. 이 단면은 갈색을 띠고 있으며, 크기가 반드시 일정하다고 할 수는 없지만 그중에 너비 약 10척 정도의 것도 확인되는데, 어떤 것이든 간에 회층이 남아 있고, 목탄에 뒤섞여 방추차, 토기 잔편, 뼈조각, 조개껍데기 등이 포함되어 있다(도판 66). 특히 도기편 중에서 당삼채 도기를 연상할 만큼 뛰어난 유물이 남아 있는 것과 기와로 만든 방추차 가운데 발해 시대의 와당 잔편을 사용한 유물이 확인된 것은 이 유지의 연대를 보여 주는 것으로써 유의할 만한 일이다.

원래 말갈족이 혈거를 했다는 것은 『구당서』의 「발해말갈전」 기록에 비추어 보아 분명하기 때문에, 위에서 언급한 유지를 발해 시대의 수혈 주거로 볼 수 없지도 않지만 그것을 바로 주거지로 단정할 수는 없다. 왜냐하면, 이 단면에서 확인되는 회색층은 위쪽에도 아래쪽에도 몇 개 층위가 남아 있어 주거지의 아궁이 자리(爐址)라고 하기에는 약간 불안하다.[14] 아마도 당시에는 단순히 동서쪽 또는 북쪽 가장자리에 구덩이를 파고, 쓰레기를 버렸던 곳인지도 알 수 없다. 아무튼 앞으로 조사가 필요한 곳 중의 하나이다.

마지막으로 동경성에서 서북쪽으로 1방리 정도 떨어진, 목단강 북안 구릉 중턱에 있는 삼령둔[15]고분에 대해 살펴보려고 한다(도판 69). 이 고분은 현무암을 잘라낸 돌을 겹겹이 쌓아서 묘실 벽을 만든 석곽분(지면을 깊게 파고 자갈 따위의 석재(石材)로 덧널을 만든 무덤)으로 남향한 입구가 있으며, 그 전실과 현실은 5척 정도의 짧은 연도로 이어져 있다. 현실의 높이는 8척, 너비는 남북 13척, 동서 약 7척이며, 전실도 높이 8척, 너비 남북 5척 5촌, 동서 약 6척이다. 어느 것이나 그 윗부분은 양쪽 측면부터 석재를 쌓아 사다리형으로 좁게 하고, 그

---

14 중국 고대의 주거용 또는 저장용 수혈은 안데슨 박사가 발견한 하남성 앙소촌의 것, 董光忠 등이 소개한 산서성 萬泉縣의 것 외에, 하남성 濬縣·安陽縣, 섬서성 寶鷄縣 등에서 출토된 것에 의해 알 수 있는데, 대체로 그 단면은 윗부분이 좁은 자루 형태를 띠고 있어, 발해 수혈의 단면과 매우 분위기를 달리하고 있는 점이 확인된다.
J. G. Andersson; Early Chinese Culture 21쪽, Children of the Yellow Earth 171~174쪽. 董光忠의『山西萬泉石器時代遺址發掘之經過』(國立北平師範大學 師大月刊 第3期 수록), 劉燿의『河南濬縣大賚店史前遺址』(國立中央硏究院 田野考古報告 第1冊 수록), 張蔚然의『殷墟地層硏究』(同中央硏究院 安陽發掘報告 第2冊 수록)·『陝西發現新石器時代遺址』(燕京大學 燕京學報10周年紀念專號 수록) 등 참조.
15 이 부근에는 석기시대 유물 산포지가 있어, 돌화살촉·돌도끼·쐐기돌(錘石)·기타 토기 잔편이 많이 수습되었다. 아마도 읍루 등으로 불리던 집단의 유물로 생각된다. 이에 관해서는 駒井和愛의『寧安縣附近三靈屯の石器時代遺蹟』(考古學雜誌 제24권 제1호) 및 三上次男·駒井和愛의『三靈屯の石器』(同雜誌 제26권 제8호)로 미루어 둔다.

위를 평평한 현무암의 천정석으로 덮었다. 입구 및 연도(羨道) 천장에
도 평평한 현무암이 덮여 있다(도판 70, 삽도 42~43).

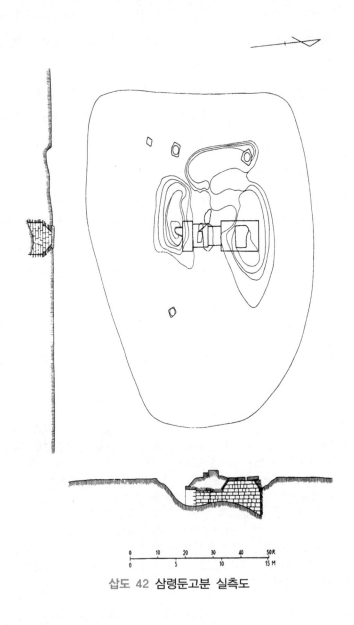

삽도 42 삼령둔고분 실측도

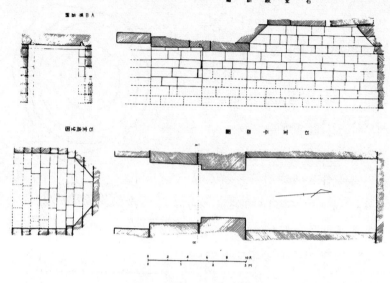

삽도 43 삼령둔고분 석실 실측도

이 고분에서 어떠한 고대 유물을 수습할 수 없었던 것은 유감스럽지만, 고분 주변의 농지 한쪽에 발해 시대 녹유치미 및 수키와 잔편이 흩어져 있는 점으로 미루어 보면,[16] 대체로 그 축조 시기를 살필 수

---

16 『영안현지』권3 금석조에서 "民國十二年 十二月 旅行三陵墳 拾得古殘瓦
一塊 瓦頭上有一𠙽字 非隷非篆 以開封金碑拓本 比對類似女眞楷字"라고
하고 있으나, 𠙽은 方자를 뒤집어 놓은 글로, 아마도 발해 궁전지와 사찰
지에서 출토된 암키와·수키와에서 보이는 각자(刻字)와 같은 것으로 생
각된다(발해문자와에 대해서는 유물조를 보기 바란다). 그러하다면 이 점
도 역시 삼령둔고분의 연대를 발해 시대로 추정할 수 있는 단서가 될 수
있을 것이다. 서문에도 있지만, 『동서』「동권」고릉조에서 삼령분으로 제
목하고, "墳距東京城北八里許 三靈屯後半里許 想靈字當是陵字 俗語傳誦
誤陵爲靈也 三墳相距各不及半里 適中一塚相傳 道光間被石工偸鑿一孔 約
二尺許 殉葬貴重品盡爲盜去 民國十二年夏歷癸亥 冬十一月旅行到此 作實
地調查 偕鄕導攀手入墓洞 洞製高不及六尺 深一丈零三寸 寬六尺三寸 棺
槨査無形影必年九盡腐朽矣 地內無他物剩 碎骷髏及殘破磚尾而已 土人云

있으며, 또한 이 고분의 구조가 일본 대화 시대 아배촌(阿倍村) 문수원(文殊院)에 남아 있는 화강암 절석으로 쌓은 고분[17]과 매우 비슷한 점도 그 연대를 추측할 수 있는 단서로서 언급할 만하다.

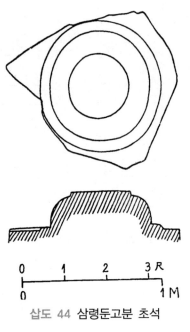

또 이 고분을 감싸고 있는 세 모서리에서 삽도 44와 같이 윗지름 1척 4촌, 높이 약 8촌의 양각으로 다듬어진 초석이 출토되었다는 것은 주목할 만한 가치가 있다(도판 71~72, 삽도 44). 아마도 같은 종류의 초석이 네 모서리에도 남아 있었던

삽도 44 삼령둔고분 초석

것으로 생각된다. 그리고 이 무덤의 봉토는 높고 큰 것이 아니라 낮게 성토한 다음 그 위에 어떠한 형태의 건축물을 세워 그것을 덮고 있었

當年入洞者 曾見人腿骨長及二尺 圓徑約一寸三分 石工偸鑿孔處 爲正墓藏棺處 可斷言也 洞前似墓門 亦石製者 洞後極低 匍匐蛇行深入 黑暗無所見 據鄕導 謂雪融時 向東望露一線光 似尙有一支隊導 或內通 東首一塚未可知也 拾殘瓦數片 出其瓦頭有一衣字 非篆非隷 亦非漢非滿 細審之似金代字體 以開封金碑拓本比較 近似之 塚外有石 圍圈前望殘磚瓦極多 似當年陵宇遺蹟 謂爲金代古墓 信或然與 枝江曹說 據父老傳聞 係渤海建國時 后妃公主之墓 而訛爲金女主之墓 余今以瓦頭字 推測之似非渤海墓也"라고 한 기록에 근거해도,『영안현지』의 저자가 이 고분을 금나라 시대의 것으로 믿고 있음을 알 수 있지만, 우리는 여전히 위에서 서술하고 있는 것처럼 발해 시대의 것으로 인정하고 싶다.

또한『영안현지』에서는 삼령둔에 3기의 고분이 남아 있는 것처럼 서술하고 있지만, 우리는 1기밖에 확인하지 못하였다.

17 上田三平의『文珠院西古墳』(나라 현에 관한 지정사적 제1책 수록) 참조.

던 것으로 생각된다.

『위서』 권100 「물길전」에

"그 부모가 봄에 돌아가시면 세워서 묻고, 무덤 위에 건물을 지어
비로 인해 습하지 않게 하였다(其父母春死 立埋之 塚上作屋 不令雨濕)."

라고 한 기록을 참조하면, 예로부터 물길, 즉 말갈족이 무덤 위를 지붕
으로 덮었다는 것을 알 수 있고, 앞에서 언급한 고분이 이 지역의 오랜
전통을 지니고 있음이 확인되어 매우 흥미로웠다.

Ⅳ. 유물

　이상 여러 유형의 유적지에서는 와전·철제 건축장식·도기편·불상 이외에 청동제·철제 및 석제 등의 유물이 출토되었는데, 어느 것이나 모두 발해 시대의 특징을 지니고 있고, 그 유물의 발견은 당시 문물을 구체적으로 밝히는데 기여하는 점도 적지 않으며, 또한 이러한 유물이 고고학적으로 하나의 표준으로 삼을 만한 것이라는 점은 틀림없다. 그중에서 와전류는 그 성격상 유지 곳곳에서 다수 발견되는데, 우리가 겨우 옛 초석 배열에 근거하여 어렴풋이 그 규모를 상상했던 것에 지나지 않던 전각·회랑 등에서 지붕·벽면·바닥면·기둥자리 등의 윤곽을 더듬고, 그 대개를 엿보아 그 구조를 눈에 선하게 구현시킬 수 있도록 역할을 한다는 점에 주의해야 한다. 그러면 이어서, 유물을 기재한 대로 와전류부터 설명을 시작한다.

1. 와전

와전은 대체로 지붕에 사용되었던 암키와·암막새기와(지붕기와)·
수키와·수막새기와(곱새기와)·적새기와·치미·귀면와·지붕 합각
머리에 붙이는 물고기 모양의 장식 종류와 벽면·바닥면을 장식했던
장방전·방전 및 기둥장식 등의 유형으로 나눌 수 있으며,[1] 또한 그중
어디에도 속하지 않는 것, 용도가 분명하지 않은 것도 보인다.

현재 와전의 각 종류에 대해 서술하면서 한마디 언급해 두지 않으면
안 되는 것은 기와의 색깔이다.

발해 옛기와는 대체로 검푸른색(黝黑色)을 띠고 있는 애벌구이를 한
것이 일반적이지만 그중에는 유리와, 즉 녹유를 바른 기와도 있다는
것은 유물을 통해서 알 수 있다. 게다가 그것을 자세히 관찰하면, 녹유
를 바른 수막새기와, 녹유를 바른 적새기와 등은 모두 소형으로 금원
안에 있는 가산에서만 수집되었을 뿐 다른 곳에서는 출토되지 않았다.
이러한 종류의 기와는 금원 안의 정자에서만 사용되었을 뿐, 다른 궁
전과 사찰 지붕에서는 사용되지 않은 것으로 생각된다. 녹유를 바른
치미(正吻)·귀면와(旁吻)·수키와 및 그 잔편은 각 궁전지·사찰지에
서 출토되었고, 같은 종류의 암막새기와 잔편은 제6궁전지에서 발견되
었다. 생각해 보면 궁전과 사찰의 지붕 색깔은 애벌구이한 기와의 검
푸른색이 기조를 이루고 있지만, 그 용마루 아래 대들보에 사용된 수
키와 및 치미·귀면와 등에는 유리색이 사용되고 있었던 것 같으며,
그 규칙은 중국에서 본받은 것으로 생각된다. 당송시대 건축에서 보이

---

1 일부 학자에 의해 문자와, 곱새기와(鐙瓦) 등으로 불리고 있는 것을 이
   보고서에서는 암막새기와, 수막새기와 등으로 부르기로 한 것은 서술의
   편의상 足立康의 명명법을 따른 것이다.

는 색깔은 서역에서 발견된 벽화[2]에 묘사되어 있는 전당에서 확인할 수 있는데, 그 지붕의 용마루만 녹색으로, 다른 부분은 모두 회색으로 칠해져 있는 것은 바로 이를 보여주는 것이라고 할 수 있다(삽도 45).

삽도 45 서역에서 발견된 벽화

2 당송 시대 궁전 지붕 색깔에 대해서는 스타인, L·코츠다 등이 수집한 서역회화를 참조 바란다.

1) 암키와·암막새기와

와전 중에서도 암키와 및 그 잔편의 수는 다른 것보다 훨씬 많다. 현재 완전한 형태를 띠고 있는 대표적인 유물에 대해서 기술하면, 그 색깔은 이미 언급한 것과 같이 검푸른색을 띠고 있고, 두께는 약 5분, 길이 1척 7촌, 앞쪽 끝 부분의 너비 1척 1촌 3분, 뒤쪽 끝 부분의 너비 약 1척 정도이다. 그 바깥쪽 오목한 부분에는 베무늬가 있고, 안쪽 의 볼록한 부분은 평평하고 매끈하며, 그 앞쪽 끝 부분에는 손으로 눌러 요철 무늬를 만든 것이 주목된다(도판 73~74-1).[3] 또한 그 바깥쪽 면 양쪽 가장자리에서 잘라낸 선 흔적이 확인되는 것은 앞에서 서술한 것처럼 베무늬가 확인되는 것과 마찬가지로 발해 암키와 제작법이 중국 기와의 경우와 대체로 같은 형태라는 것을 보여 주는 것[4]이 아닐까 한다.

또한 끝 부분에 요철 무늬를 넣은 암키와는 일본 대화 시기 輕寺, 近江의 雪野寺에서도 출토되었고, 부여에 있는 백제 사지, 만주 집안현에 있는 고구려 유적 등에서도 확인되는 것이다.[5]

---

3 발해 암키와 앞쪽 끝 부분에는 모두 손가락으로 누른 무늬가 있다. 이것에 대해서 일본 雪野寺와 輕寺 및 부여의 백제사지 등에서 출토된 기와편 중에, 이러한 종류의 무늬가 있지만, 전부 수막새기와라는 점은 유의할 만하다. 柏倉亮吉의 『雪野寺址發掘調査報告』(日本古文化研究所 보고 제7), 石田茂作의 『扶餘軍守里廢寺址發掘調査』(朝鮮古蹟研究會昭和十一年度古蹟調査報告) 등 참조.

4 낙랑에서 출토된 한대 암키와 제작법에 대해서는 關野貞 등의 『樂浪郡時代の遺蹟』 본문 287쪽을 보기 바란다.

5 앞에서 언급한 柏倉亮吉의 『雪野寺址發掘調査報告』(日本古文化研究所 보고 제7) 도판37 및 石田茂作의 『扶餘軍守里廢寺址發掘調査』(朝鮮古蹟研究會昭和十一年度古蹟調査報告)의 도판62 참조. 또한 만주 집안현에 있는 고구려 장군총에서 발견된 기와는 『조선고적도보』 권1의 도판60을 보기 바란다.

이밖에 암키와 잔편으로 바깥쪽 면에 베무늬가 있는 것은 앞에서 언급한 것과 같지만, 안쪽 면에 끝이 뾰족한 도구로 무수히 많은 비스듬한 구멍을 눌러 찍은 것(도판 80-3), 바깥쪽 면에 앞에서 서술한 것과 같이 비스듬한 구멍을 찍고, 안쪽 면에 굵은 자리무늬를 찍은 것, 바깥쪽 면은 아무런 무늬를 (장식)하지 않고 안쪽 면 한 부분에 비스듬하게 서로 교차한 무늬의 가로띠를 장식한 것(도판 80-12) 등이 출토되었으나, 이 암키와 중에서 완전한 형태로 복원할 수 있는 것은 하나도 없다.

그리고 발해 암키와에서 확인되는 특징 가운데 하나는 대체로 안쪽 면 뒤쪽 끝 부분에 한 개 또는 두 개의 작은 방형 또는 장방형 윤곽을 만들고, 그 안에 한 글자 또는 두 글자씩 문자를 찍은 것이다(도판 73 참조). 이렇게 문자를 새긴 것은 모두 양각된 것으로, 우리가 수집한 것으로는 아래와 같이 읽히는 것이다(삽도 46).[6]

---

6 김육불은 『발해국지장편』 권20에서 문자와에 대해 다음과 같이 기술하고 있다. "삼가 살피건데, 하얼빈박물관의 러시아 연구원 파노소프 및 衣家驅가 신미년에 동경성에 이르러 문자가 서로 다른 기와편 약 20여 점을 수집하였고, 계유년 여름에 나와 동방고고학회 제군들이 동경성에 이르러 기와를 매우 많이 수집하였는데, 다양한 기와의 문자는 아래와 같은 몇가지 유형으로 나눌 수 있다. 그 하나는 一九로 숫자에 속하는 것이다. 둘째 유형은 乙 丙 丁 卯 午 未 등으로 간지에 속하는 것이다. 세 번째 유형은 王 尹 田 年 大 金 烏 高 甘 方 蓋 仇 등으로 성씨에 속하는 것이며, 네 번째 유형은 如 計 福 勿 珎 可 舍 非 臣 女 官 文 多 諸 順 昌 保 若 取 且 自 失 文會 末 目 有 下 野 食 定 刀 山 也 등 인명에 속하는 것이며, 다섯 번째 유형은 保德 難仏 卯若 卯仁 卯地 俳刀 百工 五子 圖 一竝十 등 복성에 해당하는 것이며, 여섯 번째 유형은 른 刔 㢱 夲 仏 㘴 戕 㒾 甴 甶 冏 毗 ㇆ ㇈ ㇈ ㄽ 米 夭 등으로 알기 어려운 것이며, 일곱 번째 유형은 干 㝍 誥 㫖 등 거꾸로 쓰여진 것이다. 이상과 같이 일곱가지 유형 약 80여 자 중에서 8/10은 확인할 수 있는 한자이고, 2/10는 기이하여 알기 어려운 글자들이다. 나는 그 까닭은 두가지로 생각하는데, 하나는 대체로 발해인들이 특별히 글자를 만들어 특이한 발음을 단 것이고, 다른 하나는 의미없는 부호이기 때문이다. 만약 이 설이 그러하지 않다면

삽도 46 암키와 및 수키와에 찍혀 있는 문자

一 乙 刀 又 下 久 大 山 仏 尹 文 方 卯 可 失 布 未 田 多 有 取
定 昌 非 保 信 若 計 思 富 福 都 蓋 興 亣 㐱 譜 毛 地 卯 仏 卯 若
舍十 非十 保十 保德 難十 難口 口刀

또한 아래와 같이 판독하기 어려운 것도 적지 않다(삽도 46).

乁 夊 囙 刅 半 沐 髩 戸 朾 酉 囲 籴

일본의 國分寺 기와 등에서도 마찬가지로 장방형 윤곽 안에 문자를 찍은 것이 확인된 것은 특기할만한 일로 이는 사찰을 조영할 때 각지에서 분담하여 보낸 것이기 때문에, 그 군명 등을 간단하게 기입해 넣은 것이라는 주장이 있지만,[7] 위에서 언급한 발해 옛기와에 있는 문자도 같은 의미를 지니고 있는 것인지는 문헌이 없으므로 그것을 확인할 방법이 없다.

또한 비녀 같은 것으로 정자 모양(井桁)·십자 형태의 부호를 음각한 것도 두세 개 남아 있다.

발해에서 따로 만든 새로운 글자는 뜻이 하나라서, 마치 거란 여진문자 자모의 결합과 같은 것이라면 내가 알 수 없는 바다."라고 기록하였다. 내가 따로 상고할 예정이다.

또한 鳥山喜一에 의하면, 이러한 문자와는 간도의 서고성자토성, 팔가자 토성 및 훈춘의 팔뢰성 등에서 대단히 많이 출토되었다고 한다(鳥山喜一, 『渤海上京龍泉府について』).

7 武藏國分寺 기와에서 확인되는 印文은 男 多 玉 都 大 大里 橫見 播 埼 榛 豊 橘 荏 父 子玉 比企 中 那 上 足 등 문자로 읽혀지는 것으로, 男은 男衾郡, 多와 玉은 多摩郡, 都는 都築郡, 大里와 大는 大里郡, 橫見은 橫見郡, 播는 播羅郡과 같이 각각 군명의 약칭하는 것이라는 주장이 있다. 國分寺를 지을 때, 분담하여 물품을 기부한 군의 이름을 새긴 것으로 생각된다. 石田茂作의 『古瓦圖鑑』 문자와 조 등을 참고하기 바란다.

암막새기와로는 앞에서 든 암키와와 같은 형태의 장방형을 띠고 있
는 것과 처마 모서리에 사용됐다고 생각되는 삼각형을 띠고 있는 것
등 두 종류가 제5궁전지 발굴에서 확인되었다. 전자에 해당하는 완전
한 것은 발견하지 못하였지만, 앞에서 서술한 암키와와 같은 크기의
것이 일반적으로 생각된다. 이 중에는 제6궁전지·금원의 정자 유지
등에서 발견된 잔편처럼 전체적으로 녹유를 바른 것이 있다는 것은 이
미 설명한 바이다(도판 79-1). 또 후자에 해당하는 것 중에서 대체로
완전한 형태로 복원할 수 있는 것은 현존 앞쪽 끝 부분의 너비가 1척
5촌이지만, 원래는 약 1척 7촌 정도였을 것으로 생각된다(도판 75-5~6,
삽도 47).

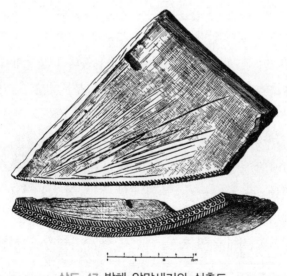

삽도 47 발해 암막새기와 실측도

이 암막새기와들은 어떤 것이든 앞쪽 끝 부분의 가장자리에 2줄의
빗금무늬를 하고, 그 사이에 일렬로 구슬무늬를 찍어 장식한 것이 특

징으로, 사이사이에 있는 구슬무늬 안에 다시 십자형 무늬를 넣은 것
도 확인된다(도판 74-2~4). 그러나 이 부분에 당초무늬를 장식한 것은
한 점도 찾지 못했다. 또한 위에서 서술한 빗금무늬 대신 빗금무늬를
교차한 무늬를 넣고 거기에 구슬무늬를 배치한 아스카 시대 암막새기
와가 일본 대화 시대 輕寺址 등에서 발견된 것은[8] 지금 다시 서술할
필요도 없을 것이다.

2) 수키와 · 수막새기와

암키와 · 암막새기와에 섞여서 애벌구이를 한 수키와 · 수막새기와
및 그 잔편도 적지 않게 발견되었다.

수키와는 반원통형으로 지붕을 덮는 경우 다음 것의 앞부분을 받기
때문에 밑부분이 조금 더 낮게 만드는 것은 일반적으로 보이는 현상으
로 전혀 이상할 것이 없다. 다만 미구 부분에 2~3줄의 마디 형태의 도
드라진 부분이 붙어 있는 것은 이 유지 출토품의 특징 가운데 하나로
생각된다(삽도 48-1). 또 이와 같이 도드라진 부분이 없이, 앞에서 언
급한 암키와에서 발견되는 것 같이 也 · 王 등의 문자를 찍은 것도 전
혀 없지 않다(도판 76 및 삽도 46의 也 이하 참조).

그 크기에 대해서 말하면, 전체 길이는 1척 2촌 5분, 지름 6촌, 미구
부분의 지름 3촌 5분, 두께 6분 정도의 것과, 이것과 비교하면 훨씬
작은 전체 길이 8촌 5분, 지름 4촌, 미구 부분의 지름 2촌 5분, 두께
약 5분 정도의 것이 남아 있다. 또한 소형 수키와가 제4궁전지 서쪽

---

8 일본의 輕寺에서 발견된 이러한 종류의 무늬가 있는 암막새기와에 대해서
  는 앞에서 든 『古瓦圖鑑』 도판 133 참조, 또한 石田武作의 말에 의하면
  비슷한 기법을 보여주는 암막새기와가 奥山久米寺, 大窪寺, 興福寺 등에
  서도 출토되었다고 한다. 또한 水野淸一은 만주 도문 부근에서도 이러한
  유형의 암막새기와 잔편이 발견되었다는 것을 서술하였다.

회랑지에서 출토된 것으로 보아 이러한 종류들이 주로 회랑지 등에 사용되고 있었음을 미루어 알 수 있다.

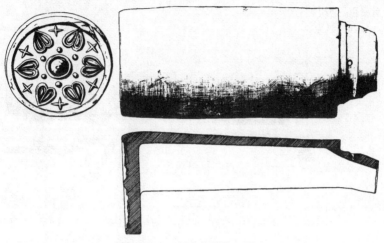

삽도 48-1 수막새기와 실측도

애벌구이한 수키와는 어떤 것이든 바깥쪽 면이 매끄러우며, 안쪽 면에서 베무늬 흔적이 확인된다. 아마도 암키와의 경우처럼 제작과정에서 중국 기와와 같은 기법이 사용되었던 것으로 생각된다.[9]

애벌구이한 수막새기와의 제작법은 수키와와 같지만, 그 머리 부분에 둥근 와당을 붙여 장식한 것이 특색이다. 그 제작을 위해 와당과 따로 수키와를 만들고, 이것이 약간 마를 때에 모양을 만든 와당을 건조한 뒤 붙이는 방법이어서 종종 와당만 떨어져나간 채로 발견된다(도판 75-1).

마찬가지로 수막새기와 중에서는 와당이 비스듬하게 붙어 있는 것

---

9 한대 수키와의 제작 기법에 대해서도 역시 앞에서 서술한 『樂浪時代の遺蹟』을 참조하기 바란다.

(도판 75-2~3, 삽도 48-2), 수키와 부분의 몸체 옆쪽 선이 굽어져 있고 그 때문에 와당도 안쪽으로 꺾여서 붙어있는 것(도판 75-4, 삽도 48-3) 등이 확인되는데, 이것들은 지붕 모서리 또는 비스듬한 곳에 사용하는 것으로 생각된다.

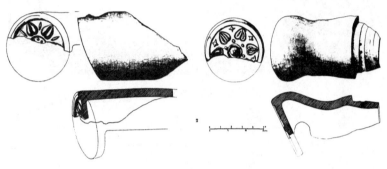

삽도 48-2~3 수막새기와 실측도

유리와는 수키와·수막새기와 모두 토질이 적갈색을 띠고 약간 두툼한 점이 일반적으로 애벌구이한 것과 같지 않다. 제4궁전지에서 출토된 수키와에서는 길이 1척 5촌 5분, 지름 8촌, 미구 부분의 지름 5촌, 두께 약 1촌 정도의 커다란 것이 확인되었다(도판 91-1). 비슷한 종류의 유물이 제2궁전지·제5궁전지에서도 발견되었다. 아마도 이러한 종류의 수키와는 용마루를 덮었던 것으로 생각된다. 금원의 정자 유지에서 발견된 유약을 바른 수막새기와는 이미 서술한 것과 같이 전부 소형인데, 도판 79-2에 실려 있는 예와 같은 것은 현존 길이 2촌 8분, 와당의 지름 3촌 4분, 두께 3분 정도의 뛰어난 작품이다.

와당에 대해서 언급할 만한 것은 모든 와당면 주위에는 무늬가 없는 테두리가 있는데 지름 약 5촌 정도의 커다란 와당의 테두리는 너비 4분, 높이 3분 정도이며, 지름 4촌 정도의 작은 것은 너비 3분, 높이 약

2분 정도라는 것이다. 그리고 그 와당의 도안은 모두 꽃잎이 두 겹인 연화문을 찍은 것으로 이것을 편의상 제1유형의 7엽인 것, 제2유형의 6엽인 것, 제3유형의 5엽인 것 및 제4유형의 4엽인 것의 4종류로 구분할 수 있다.

서문에 있지만 이러한 4종류의 와당이 어떤 유지에서도 뒤섞어서 발견되는 것은 다양한 무늬를 지닌 와당이 각 건축물에 혼용되었음을 보여주는 것이라고 하겠다.

(1) 제1유형

7장의 겹꽃잎 형태의 연화문으로 꽃잎마다 앞쪽 끝이 뾰족하여 마치 하트 모양을 하고 있고, 그 테두리와 중앙 세로선으로 나뉜 좌우 두 부분은 높게 도드라져 있는 것이 특징이다. 또한 잎과 잎 사이에는 같은 형태의 꽃받침 7개가 가늘고 길게 표현되어 있다. 씨방은 둥근 테두리 안 중앙에 동그랗게 도드라져 있고, 그 주변에는 9개(도판 77-1) 또는 7개(도판 77-2)의 작은 동그란 입자를 배치하였다. 또한 이러한 유형에 속하는 와당으로 제4궁전지 서쪽 회랑지에서 발견된 작은 그것들에는 연꽃잎에 테두리가 없다(도판 78-4).

또한 이 제1유형 와당에는 커다란 것에서도 작은 것에서도 녹유를 발랐던 흔적이 확인되지 않았다.

(2) 제2유형

앞에서 서술한 것과 그 기법은 완전히 같은데, 다만 꽃잎이 6장이고, 씨방의 동그란 입자가 10개인 것이 몇 점 발견되었지만, 이것은 오히려 특이한 예라고 할 만하다(도판 75-2). 제2유형에 속하는 일반적인 유물은 모두 제1유형에서 언급한 것과 비교하여 꽃잎 수가 6개로 줄어

든 것만이 아니라, 각 잎의 좌우에 도드라진 것이 두드러지게 작아지고 그 표현에서 단순화된 흔적이 확인된다. 꽃받침의 수는 6개이지만 그 형태는 제1유형의 예에서 확인되는 것 이외에(도판 77-3~6), 십자형으로 된 것(도판 77-4~5) 또는 제5궁전지 서전지에서 출토된 것 같이 두 줄기의 끝이 꼬불꼬불하게 변화하고 있는 것과 또한 문자처럼 보이는 일종의 기호를 배치하여 그것을 대신한 것 등이 발견되었다(도판 78-2~6, 85-1~2). 씨방에서도 원형 테두리 안의 중앙 돌기가 큰 것과 작은 것, 그것을 감싸고 있는 6개의 작은 동그란 입자가 제1유형처럼 테두리 안에 있는 것, 테두리 밖에 나란히 있는 것, 전혀 그것이 없는 것 등이 있다(도판 77~78). 또한 구입한 유물 가운데에서는 불과 1점뿐이 볼 수 없는데, 삽도 49처럼 6장의 겹꽃잎이 두드러지게 간략하게 표현되는데, 각 잎 중에 어떠한 도드라짐도 없으며, 씨방의 둥근 테두리 밖에는 12개의 작은 동그란 입자가 늘어서 있는 것 같은 특이한 예도 있으며, 그 변화가 풍부해지고 있다는 점에서는 발해 와당 이외에는 비교할 만한 것이 없다. 그리고 이러한 종류에 속한 와당으로 제5궁전 회랑지 등에서 출토된 작은 것에는 씨방에 작은 동그란 입자가 표현되어 있지 않다(도판 78-5). 또한 제2유형의 와당에서도 녹유를 바른 것은 발견하지 못하였다.

삽도 49 발해 와당

(3) 제3유형

그 기법은 거의 제2유형과 같은데, 다만 꽃잎이 5장으로 표현되어 있는 것이 주의를 끈다. 제5궁전지에서 발견된 커다란 와당은 꽃받침 잎이 가로로 표현되어 초승달 형태를 띠고 있고, 씨방이 중앙의 돌기와 그것을 감싼 5개의 작은 동그란 입자로 표현되어 있다(도판 78-7). 또한 제2궁전지 동측에서 출토된 작은 것은 꽃받침 잎이 마찬가지로 초승달 모양이지만, 씨방에 작은 동그란 입자가 표현되어 있지 않은 것이 앞에서 서술한 커다란 것과 다른 점이다.

또한 이러한 종류에 속하는 작은 와당에서 주목할 만한 것은 금원지 정자 유적에서 발견된 것처럼 녹유를 사용하고 있는 것이다. 그 꽃받침 잎은 제1유형과 마찬가지로, 씨방은 동그란 테두리와 그 중앙에 있는 1개의 동그란 돌기만으로 표현되어 있다(도판 79-2).

(4) 제4유형

4장의 잎이 있는 연화문 와당은 제1사찰지에서 완전한 형태로 복원할 수 있는 것 1개와 나머지 몇 개의 잔편이 출토되었다. 이것 역시 앞쪽 끝이 뾰족한 겹잎으로, 커다란 테두리와 중앙의 세로선이 있는 것에 지나지 않는 단순한 것이다. 그 꽃받침 잎은 정(丁)자형을 띠고 있으며, 씨방이 중앙에 원형 돌기가 있는 동그란 테두리와 그 바깥쪽을 감싸고 있는 13개의 작은 입자들로 표현되어 있는 것 등도, 이것이 단순화된 형식에 속하는 것이라고 할 수 있을 것이다(도판 78-1).

또한 제5궁전지 서측에서 4장의 겹잎이 있는 형태로 그 기법이 제2유형·제3유형과 같으며, 게다가 잎마다 각각 곡선으로 연결되고 씨방의 테두리에 16개의 동그란 형태의 오목한 무늬가 찍혀 있는 와당 잔편이 출토되었다(삽도 50).

삽도 50 발해 와당 잔편

이상 발해 와당의 도안에 대해서 여러 차례 기술했지만 제1유형의
무늬가 기본 형식이라는 것에는 누구도 이론이 없을 것이다. 그 제작
도 발해 와당 중에서 가장 뛰어나서 소박한 분위기를 유감없이 표현하
고 있으며, 그 특징으로는 7장의 겹잎이 높이 도드라져 있는 것을 들
수 있다. 그러한 종류의 유물은 중국과 신라의 옛기와에서도 볼 수 없
는 것인데, 만약 억지로 찾아본다면, 집안에서 출토된 고구려 와당[10]같
이 8장의 겹잎이 있는 형태로, 꽃잎이 도드라져 표현되어 있는 것 등이
약간 비슷한 수법을 보여 주고 있지만, 반드시 동일한 수법이라고 단

10 『조선고적도보』 권1 도판 60에 수록된 장군총에서 발견된 와당에 근거하
   였다.

언할 수는 없다(삽도 51-1).

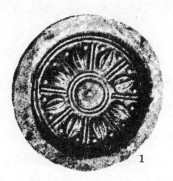

삽도 51 고구려 와당

또한 제2유형 이하의 도안이 제1유형에서 단순화되고 파생되었다는 것은 다른 말이 필요 없다. 그래서 발해 와당 중에서 가장 많이 발견되는 것은 제2유형의 일반 유물에 속한 것으로, 그 무늬에 변종이 적지 않은 것은 이미 서술한 바이다. 어쩌면 이러한 종류의 와당이 이곳에 있다는 것은 가장 오랫동안 제작되었다는 것을 의미하는지도 모른다. 또한 같은 종류의 유물이 간도성 연길현 서고성자 및 봉천성 요양부근에서 출토되었고, 또한 같은 유형의 잔편으로 생각되는 것이 간도성 혼춘현 반랍성자에서도 발견되고 있다는 것은 그 분포 범위가 상당히 넓다는 것을 보여 주는 것이다.[11]

---

11 요양부근에서 출토된 꽃잎이 6장인 발해식 와당에 대해서는 村田治郞의
   『滿洲古瓦について』(綜合古瓦硏究會 수록)의 도판 3을 참조하기 바란다.
   또한 연길 서고성자 및 간도성 혼춘 반랍성자에서 출토된 와당에 관해서
   는 鳥山喜一의 『渤海東京考』(京城帝國大學史學論叢 제7집 수록) 도판 4
   를 참조하기 바란다. 다만 『조선고적도보』 권1 도판 99에 집안에서 출토
   되었다고 전하는 꽃잎이 4장인 발해식 와당이 실려 있는데, 그 수법은 다

따라서 제2유형 이하의 와당에서 보이는 도안과 비슷한 것도 삽도 51-2에 수록한 평양에서 발견된 고구려 와당[12]에서 찾을 수는 있지만 그것 또한 반드시 같은 형식이라고는 할 수 없다.

3) 적새기와(熨斗瓦)

적새기와, 즉 용마루에 쌓는 암키와는 금원 정자 유적에서 몇 점이 출토되었다. 그 토질은 다른 유리와처럼 적갈색을 띤 장방형으로, 암키와와는 반대로 바깥쪽 면이 약간 도드라져 있고 그 세로 절반부터 세로 측면에 녹유가 발라져 있다. 바깥쪽 면의 가로 가장자리에 암키와 안쪽 면 앞쪽에서 확인된 것과 같은 요철무늬가 있고, 또한 안쪽 면에서는 다른 암키와와 마찬가지로 베무늬 흔적이 있다.

현재 금원지 동쪽 가산 유지에서 발견된 것을, 두께 5분, 너비 3촌 8분, 현존 길이 5촌이며, 또 서쪽 가산지에서 두께 5분, 너비 3촌, 현존 길이 5촌 5분인 것(도판 91-2), 두께 4분, 너비 3촌 2분, 현존 길이 2촌 정도의 잔편 등이 발견되었는데, 그 완전한 형태는 아마도 7~8촌에 달할 것으로 생각된다(도판 91-2). 그래서 이 정자 유지에서 출토된 것이 적새기와로서는 소형으로, 같은 장소의 다른 기와류의 크기에서도 살필 수 있다.

발해의 다른 궁전에서도 사찰지에서도 유리 또는 애벌구이한 적새기와의 완제품 또는 그 잔편으로 인정할 수 있는 것을 발견할 수 없었지만, 앞에서 서술한 금원 정자 유지의 사례도 있고, 또 일본의 후지하

른 곳에서 서술한 제2유형이하의 일반적인 것과 비슷하다. 이것은 村田治郎도 말하였던 것과 같이 고구려시대의 것이 아니라 오히려 발해 시대에 속하는 유물로 생각된다.

12 關野貞 등의 『高句麗時代之遺蹟』상의 도판 49 평양출토 와당에 근거하였다.

라궁(藤原宮) 유지에서도 이러한 종류의 애벌구이한 기와가 출토되었기 때문에,[13] 발해의 궁전과 사찰지에서도 유약을 바르거나 또는 애벌구이한 적새기와가 일반적으로 사용되었다는 것은 미루어 짐작하기에 어렵지 않다.

4) 장방형전

장방형의 무늬가 없는 벽돌이 제2궁전지 흙기단 앞쪽에 겹겹이 쌓여 있고, 제5궁전지 동측의 낙수받이에도 겹겹이 사용되었으며 또한 같은 유지 서쪽 아궁이 주위 등에 사용되고 있는 것은 앞의 유적 항목에서 언급한 바로, 그 대체에 대해서 말한다면, 검푸른색을 띠고., 대체로 길이 1척 5분, 너비 5촌 7분, 두께 1촌 5분 정도이며, 겉면과 각 측면은 평평하고 매끈하며, 그 안쪽 면에 자리무늬가 있다(삽도 52). 또한 이러한 유형의 벽돌 잔편으로 겉면에 작은 구멍이 얕게 뚫려 있는 것이 제2궁전지에서 출토되었는데(도판 80-4), 아마도 어떤 벽돌로 쌓은 건물에 사용되었던 것임에 틀림없다. 또한 동일한 유형의 벽돌로 앞에

삽도 52 발해 장방형전 밖과 안

---

13 藤原 궁전지에서 출토된 적새기와에 대해서는 足立康의 『藤原宮址傳說地 高殿の調査』(日本古文化硏究所 報告 第2) 71쪽을 참고하기 바란다.

서 서술한 낙수받이 북쪽 가장자리에 쌓아 흙이 흘러내리는 것을 방지하기 위해 사용한 것은 길이 6촌, 너비 4촌 5분, 두께 1촌 2분 정도로, 그 위쪽 가장자리를 둥글게 하고 겉면 위쪽 가장자리와 양측 모서리를 잘라내었다(도판 80-5~6).

그렇지만 장방형전 중에서 주목할 만한 것은 마찬가지로 검푸른색을 띠고 있으면서 길이 1척 1촌 4분, 너비 6촌, 두께 1촌 7분인, 긴 쪽의 한쪽 부분에 인동당초문을 부조한 유물이다(도판 81-2). 이러한 문양전은 주로 제2궁전지 앞쪽에서 발견되었으며, 그 완전한 것도 적지 않다. 아마도 앞에서 언급한 흙기단 앞쪽에 쌓은 벽돌 윗면을 장식하고 있던 것으로 생각된다. 이것과 완전히 같은 형태를 지니고 있는 문양전이 남대묘에서 수집되었는데, 원래 이 사찰지에서 출토되었다고는 생각되지 않는다. 아마도 후세에 어떠한 목적에서 이 제2궁전지에서 이곳으로 옮겨졌다고 생각된다. 또한 이러한 종류의 문양전 잔편은 제5궁전지 서쪽에서도 출토되었다.

또한 이것은 장방형 문양전과 비교하여 약간 소형으로, 길이는 1척 3분, 너비 5촌 5분, 두께 1촌 5분인, 긴 쪽 면의 한쪽에 당초문이 조각되어 있는 것이 제4궁전지 서쪽 회랑지에서 한 개만 출토되었다는 것은 유의할 만하다(도판 81-1).

5) 방형전

방형전의 소성도도 안쪽 면에 자리 문양이 있는 것도 장방형전과 마찬가지로, 그 무늬가 없는 것과 무늬가 있는 것 두 종류로 나뉘는 것에서도 차이가 없다.

화문방전은 주로 제2궁전지 및 제5궁전지에서 출토되었는데, 완전한 형태로 복원할 수 있는 것의 크기 및 겉면의 부조 문양이 거의 비슷한 것은 그 틀이 동일한 유형의 것임을 보여준다.

제2궁전지에서 출토된 것은 한 변이 1척 2촌 5분, 두께 1촌 8분으로 겉면 중앙에 지름 6촌 정도의 겹꽃잎 8장이 있는 보상화문을 두고, 또한 중심에도 같은 수의 꽃잎이 있는 작은 꽃모양을 중첩하였으며, 두 겹의 꽃무늬 주위에 다시 4개의 작은 꽃잎이 6장인 꽃무늬를 배치하고, 이것을 네 모서리에 장식한 당초로 연결하고 있다(도판 82).

이러한 종류의 방형전 및 그 잔편은 이 궁전지 곳곳에서 발견되었지만, 원래의 위치에 있었던 것은 하나도 없다. 따라서 그 용도에 대해서는 확실히 말할 수 없지만, 그것이 기단면 일부의 낙수받이로 사용되었던 것으로 추정해도 큰 잘못은 없을 것이다(도판 83-2 참조).

제4궁전지와 제5궁전지 사이에서 발견된 중앙에서 회랑 동측 정원으로 통하는 출구에 뒤집혀 나란히 깔려 있는 2점은 꽃무늬가 약간 분명하지 않지만 이것도 同巧異曲으로 표현한 무늬라는 것을 엿볼 수 있다(도판 83-1). 그 크기는 한 변이 1척 2촌 3분, 다른 한 변이 1척 2촌 8분이며 두께는 2촌이다.

제5궁전지에서 같은 형태의 화문방전 한 쪽 모서리에 "典和屯"이라고 읽혀지는 3글자가 右文 또는 左文으로 양각된 것, 또는 판독하기 어려운 글자가 있는 것이 발견되었지만, 벽돌 제작장소를 표시한 것으로 생각된다(도판 85-3~5).

발해 화문방전 및 그 잔편에 속하는 유물은 적지는 않지만, 크기는 위에서 언급한 종류에 속하며 거의 다른 것은 없다. 그래서 이러한 종류의 방형전 중앙에 연꽃 또는 보상화문이 있는 것은 중국 육조시대부터 당나라 시기의 유물을 시작으로 그 영향을 받은 일본 및 조선의 출토품에도 확인되는 바이다. 게다가 고대로 거슬러 올라가면 서아시아 지방에서도 유사한 유물이 사용되었던 것은 잘 알려진 사실로[14] 무릇

방형 낙수받이 장식으로 이해하는 것이 일반적이지만, 이와 동시에 나라마다 그 기법상의 특징을 보여 주고 있다는 점도 간과해서는 안 될 것이다. 그렇다면 앞에서 서술한 발해 방형전 도안에 근거해도 발해의 공예의 일반을 살펴볼 수 있지만, 유감스럽게도 우리들은 백제(삽도 53-1)와 신라(삽도 53-2)의 방형전에서 확인되는 웅건한 꽃무늬와 비교하여 약간 떨어지는 감을 떨쳐버리기 어렵다.

삽도 53 백제 및 신라의 방형전

그러므로 언급하지 않으면 안 될 것은 우리가 남대묘에서 채취한 벽돌 중에 그 겉면에 남겨져 있던 꽃무늬 일부에 의하면, 또한 전체적으로 자유분방한 도안이 있었다는 것을 알 수 있는 정품이다(도판 84).

---

14 서아시아 지방에서 발견된 화문방전에 대해서는 H. Th. Bossert; Geschichte des Kunstgewerbes. Bd. Ⅲ. Pl. 419쪽 참조. 또한 중국 당나라 시기의 화문방전은 덕종릉 및 대명궁지에서 출토된 것으로 전해지는 것이 제실박물관에 소장되어 있어 그것을 증명할 수 있다. 또한 큐슈의 태재부지에서 출토된 것에 대해서는 『天平地寶』 도판 115를, 조선에서 발견된 것은 濱田耕策 作 梅原末治의 『新羅古瓦の硏究』(京都帝國大學考古學敎室硏究報告 제13책) 및 有光敎一의 『扶餘窺岩面に於ける文樣塼出土の遺蹟と其の遺物』(朝鮮古蹟硏究會昭和十一年度古蹟調査報告) 등을 참고하기 바란다.

마찬가지로 검푸른색을 띠고 있고 그 중간에 모래입자가 포함되어 있으며, 두께 3촌 2분 정도, 현존 길이 1척 5분, 너비 5촌 5분이다. 아마도 발해 와전 가운데 가장 우수한 것으로 불려도 과언은 아니다. 앞에서 든 장방형 화문전 가운데 어떤 것이 제2궁전지에서 이 사찰로 옮겨졌다는 것에 비춰 본다면 이 유물도 원래 궁전 중에서 가장 장엄하였던 제2궁전에서 사용되었던 것으로 생각된다.

6) 치미

지붕 용마루 양쪽 끝을 장식하던 치미(鴟吻)의 머리 부분, 날개 부분 잔편은 궁전지, 금원지, 사찰지 등에서 많이 출토되었으므로, 당시 이르는 곳의 지붕 위에는 높고 커다란 날개를 가진 치미가 있었던 것을 알 수 있다. 이러한 치미는 주로 회백색의 도기 태토(胎土)로 그 겉면에는 유약이 발라져 있다(도판 86 및 87-1).

우리는 아직 발해 치미 완제품을 발굴한 적이 없지만 제2궁전지 문지 동측에서 후술한 귀면와와 함께 눈, 수염 등이 남아 있는 머리 잔편을 수집하였고, 또한 같은 유적 서쪽에서 이 또한 귀면와와 함께 날개의 거의 전부라고 할 만한 유물을 발견하였다는 것은 특기할 만하다. 그러나 다른 부분을 찾을 수 없어서 이 머리 부분과 날개 부분을 붙여서 한 개의 완전한 형태로 복원할 수 없다는 것은 매우 유감이다.

이 머리 부분은 현존 길이 1척, 너비 1척 2촌 5분으로, 그 겉면에는 엷게 녹유가 칠해져 있고, 커다랗게 뜨고 있는 눈과 쭈뼛한 수염이 정교하게 표현되어 있다(도판 86-2). 또한 날개 부분은 현존 길이 2척 7촌 5분, 두께 7분 정도로 전체적으로 날개 모양의 무늬가 표현되어 있고, 그 밑부분에는 반원형의 장식이 나란히 붙어 있다. 안쪽 면에는 얼굴과 직각을 이루는 얇은 판이 붙어 있는데, 곳곳에 네모난 못 구멍이 뚫려 있다. 이것의 날개는 좌우 2장으로 한 쌍을 이루고 있으며, 그 중간으로 머리를 내밀고 있던 것으로 생각된다(같은 도판 86-1).

그래서 상술한 것과 같이 날개 면에 날개 모양의 선을 표현하고, 그 사이에 구슬무늬를 배치하여 그것을 장식하고 있는 기와로 만든 치미는 같은 시대 일본 유물에서도 적지 않게 확인되는데, 그중에서도 하내 高井田鳥坂의 폐사에서 출토된 유물 같은 것은 가장 참고할 만한 것이다.[15] 그리고 이러한 것들의 원형을 당나라의 치미에서 찾아야 함은 말이 필요치 않다.

7) 귀면와

앞에서 기술한 치미(雉吻)가 용마루 양쪽 끝을 장식하는데 사용되는 것이나 귀면와는 주로 내림마루의 끝을 장식하는 것으로, 正吻(雉吻)에 상대하는 하나로서 이것을 傍吻이라고도 부른다. 그 잔편은 궁전지, 사원지에서 일반적으로 발견되는 것으로 우연히 소화 9년 조사 당시 제2궁전지 북문지 동서 양측에서 출토된 한 무더기의 기와편이 두 개를 겹치면 각각 완전한 형태의 귀두로 복원할 수 있어서 비로소 발해 귀면와 형식을 살펴볼 수 있었는데, 실제로 전년에도 그 눈동자, 코뼈, 이빨 등 잔편을 수집하였으나 그것이 어떠한 것의 잔편인지를 분명히 할 수 없었다.

그런데 이 귀면와는 제5궁전지 북변 및 제6궁전지에서 출토된 잔편이 애벌구이했다는 것을 제외하면 전반적으로 표면에 녹유를 발랐고,

---

15 일본 河內 高井田鳥坂廢寺址에서 발견된 치미는 앞에서 든 『天平地寶』 도판 101에, 또한 경주에서 출토된 것은 앞에서 든 『新羅古瓦硏究』에서 확인하기 바란다. 그 밖에 일본 鎌倉時代의 繪卷物의 『平治物語』에 치미를 달고 있는 건물이 확인되는 것은 참고할 만하다.

귀안, 입안 등에는 갈색 유약을 발랐다. 그 모습도 대체로 같은 것으로 생각된다.

현재 제2궁전 북문지 동측에서 발견된 것에 대해서 말하면 그 얼굴은 길이 1척 5분 정도로, 세겹으로 된 얼굴에 있는 눈은 크게 튀어나와 있고, 좌우로 서로 통하는 구멍이 있는 코뼈는 높고 우뚝하며, 커다랗게 벌리고 있는 입에는 윗니, 아랫니와 긴 혀가 삐져나와 있으며, 또한 좌우 수염이 꼬불꼬불하게 귓가까지 뻗쳐 있는 것이 주의를 끈다(도판 88-1).

그 뒷면은 마치 암키와처럼 오목하게 되어 있고, 기둥 끝에 장식하기에 편하게 되어 있으며, 코에서 오목한 뒷면까지 못구멍이 뚫려 있다. 코앞에서 오목한 바닥까지의 두께는 8촌 5분이다.

같은 유지 서쪽에서 출토된 것도 거의 같은 형태인데, 전자의 윗니가 구부러져 있는 것에 비해 이것은 윗니도 아랫니도 마찬가지로 곧게 표현되어 있다(도판 88-2).

제4궁전지 서쪽의 농지에서 주운 것은 약간 큰 것으로 그 얼굴 길이는 1척 5촌 5분, 코앞에서 오목한 바닥까지는 두께 1척 1촌 5분이며 머리 부분에 3가닥의 머리카락이 표현되어 있어서 그 얼굴 모습이 제법 괴걸스럽다(도판 89).

상술한 귀면와의 모습과 유사한 것이 후세 중국 건축에서 치미, 귀룡자와 함께 널리 사용되고 있었다는 것은 주목할 만한 일이지만, 그 기원은 오히려 명확하지 않다.

종래 중국에서는 당나라시기 귀면와가 출토된 예가 없고, 또한 동일시대 일본 및 조선의 귀면와가 평평한 판에 귀면을 부조하였던 소위 귀판[16]이어서, 앞에서 서술한 발해 유물의 예에서 확인되는 것과 다른 것도 주지의 사실이다. 그러나 중국 문화의 영향을 받았던 고려의 유

물 중에서도 개성 만월대(삽도 54-2)와 평양 부근의 柴足面에서 출토
된 것(삽도 54-1)처럼 회색을 띠는 귀면와는 주목할 만한 가치가 있으
며[17] 이것 또한 중국에서 전해진 것임은 상상하기 어렵지 않다. 그렇다
면 발해 귀면와도 당나라시기 중국에서 그 원형을 발견할 만한 것은
없지 않을 것이다.

삽도 54-1~2 고려시대 귀면와

대체로 당나라 시대에 전래된 나라시대의 무악에 나소리(納曾利) 가

---

16 신라 시대의 귀면와는『조선고적도보』5, 고구려 시대의 것은 앞에서 든
『高句麗時代え遺跡』상에 , 또한 같은 시대 일본의 귀면와에 대한 것은 앞
에서 든『古瓦圖鑑』등에 의하여 확인할 수 있지만, 어떤 것이든 이른바
귀판 류이다. 또한 小衫一雄의『鬼瓦考』(綜合古瓦硏究)에서 이러한 종류
의 짐승무늬기와가 모두 중국 육조시대 민간신앙의 신상 중의 하나인 攫
天을 표현한 것이며 그 목적은 액운을 물리치는 데에 있다는 설이 있는데
참고할 만한 자료라고 할 수 있다.
17 개성 만월대에서 출토된 귀면와는 현재 개성박물관에 소장되어 있고, 또한
평양 시족면에서 출토된 것은 평양부립박물관에 진열되어 있다.

면 같은 것은[18] 이 귀면와와 그 모습이 같은 것으로 추측되기 때문에 당나라 시대 중국인도 앞에서 기술한 발해 유물에서 보는 것처럼 귀면와를 만들어 궁전과 사찰에 장식한 것으로 인정해도 크게 무리가 없을 것이다. 이렇게 고찰할 수 있다면, 발해 귀면와는 중국의 것을 모방했고, 게다가 중국에서도 오늘날 볼 수 없는 귀면와의 원시형태를 전하고 있는 귀중한 자료라고 언급할 수 있다.

8) 삼엽형 장식기와

제5궁전지에서 적갈색을 띠고 겉면에 녹유를 바른 기와편으로서, 인동당초문을 부조하여 장식한 것이 출토되었다. 그 잔편을 붙인 완전한 형태는 대체로 위에 2엽 아래에 1엽으로, 마치 클로버와 같은 모양이고, 각 잎은 지름 4촌 5분 정도이며, 위쪽 잎에는 대체로 당초문을, 아래쪽 잎에는 인동문을 장식한 정교하고 아름다운 유물임을 알 수 있으나 용도는 확실하지 않다. 다만 그 형태를 보면 지붕의 마룻대나 도리 끝을 가리는 물고기 모양의 장식으로도 추측되지만, 그런 것 치고는 한가운데 뚫린 작은 구멍이 해석하기 어렵다. 그 구멍을 살피면 棰瓦로도 생각할 수 있지만 단정하지는 않겠다(도판 90-1 · 2, 동 91-3).

오히려 이 궁전지에서 짙은 푸른색의 얇은 기와편으로 그 정면에 인동당초문을 양각한 것도 출토되었는데, 그 용도는 역시 확실하지 않다. 어쩌면 그 무늬가 위에서 서술한 유물과 유사하므로 동일한 쓰임이 아니었을지도 알 수 없다. 그러나 또한 벽면을 장식하고 있는 벽돌의 일종으로 볼 수 없는 것도 아니다(도판 90-3 · 4).

---

18 나소리 가면에 대해서는 법륭사 대감 등을 참조하기 바란다.

9) 기둥장식

이 유적에서 기둥 밑둥을 감싸서 장식하는 기와제 기둥장식이 많이 발견되었다. 모두 적갈색 또는 회백색의 태토로 선명한 녹유가 발라져 있고, 그 형태는 대부분 곡선 형태를 이루며, 이것 2개를 합쳐서 고리 모양으로 하는 것이다(도판 91-4 · 5). 그중에는 3개 또는 4개를 합하여 고리처럼 만든 것도 보인다. 그 안쪽의 한쪽에는 일종의 부첩이 새겨져 있어서, 사용할 때 그것으로 연결할 수 있는 유물도 적지 않다(삽도 55-2, 삽도 56).

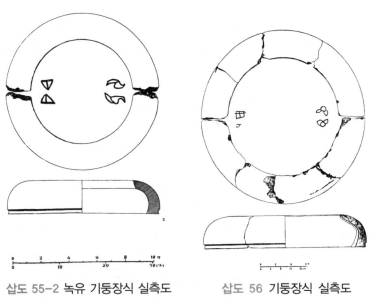

삽도 55-2 녹유 기둥장식 실측도   삽도 56 기둥장식 실측도

또한 제4궁전지 동측의 농지에서 수집한 잔편처럼 안쪽 면에 회를 바르고 "馬"자(?)를 백서한 것도 확인되지만(삽도 57), 이것 역시 어떤 기호로 생각된다. 그 기둥장식은 모습에 따라 제1유형의 단순한 고리 형태와 제2유형의 연꽃잎무늬 형태로 장식된 것 두 종류로 나눌 수 있다.

삽도 57 기둥장식 잔편

(1) 제1유형

우리가 처음 기둥장식을 발견한 것은 소화 8년 조사에서 제4궁전지 초석을 발굴할 때로, 그 위에 남아 있던 것의 형식은 어느 것이나 이 유형에 속하였다. 그 다음해는 제2궁전지 주위에서도 이 형식에 속하는 잔편을 수집하였는데 그 출토 수가 많은 것이나 또한 완전한 형태의 유물이 적지 않은 점에 대해서나 먼저 언급하지 않을 수 없는 것은 제5궁전지 회랑지, 그중 제4궁전지와 연결되는 중앙 회랑의 초석 위에서 발견된 예이다. 이것들은 나무 기둥의 밑둥과 바닥 면에 닿는 부분에 회를 발라 공고하게 한 것으로 생각되는 흔적이 초석 위에서 확인되었다. 그 유존 상태에 대해서는 도판 28-1을 참조하기 바란다.

이 유형은 대체로 크고 두툼한 것으로, 윗지름은 1척 2촌, 아랫 지름은 1척 8촌 정도가 일반적이다. 그 단면은 삽도 55-2에 보이는 것 같이 바깥쪽이 도드라져 있고, 안쪽이 오목하게 되어 있다(도판 92).

그래서 상술한 기둥장식은 모두 궁전지에 존재하고 있는 것으로 사찰지에서는 우리가 조사하는 동안 한 개도 발견되지 않았다.[19]

(2) 제2유형

이 유형에 속하는 것은 두 번째 조사 당시 제5궁전지 남쪽 곁방의 남변에 일열로 남아 있었다(도판 32). 또한 같은 해 금원지 정자 유적에서도 몇 개가 출토되었다. 전자는 그 크기가 제1유형과 비교하면 약간 작아서 윗지름은 1척, 아랫지름은 1척 7촌 정도이다(도판 93, 삽도 55-1). 이것 역시 제1유형과 마찬가지로 2개를 합하여 고리 형태처럼 만드는 것이지만, 각각의 것에는 4장씩 연꽃잎이 부조

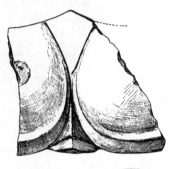
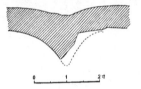

삽도 58 기둥장식 잔편 실측도

되어 있다. 후자는 전자에 비하여 더 작고 얇은 우수한 유물로 동일 지역에서 출토된 다른 기와류와 규격이 같다. 그 윗지름은 8~9촌, 아랫지름은 1척 4~5촌으로, 마찬가지로 2개 또는 4개를 합하여 고리형태를 만드는데 그 바깥쪽에는 4장 또는 2장의 연꽃잎이 부조되어 있는 것은 전자와 별다른 차이가 없지만, 그 표현에서 약간의 변화가 보인다(도판 94, 삽도 55-3~5, 삽도 58).

---

19 발해 사찰지에서 기와로 만든 기둥장식은 출토되지 않았는데 아마도 나무·칠·회 등 타기 쉬운 것이거나 없어지기 쉬운 재료로 만들어졌기 때문인지 알 수 없다.

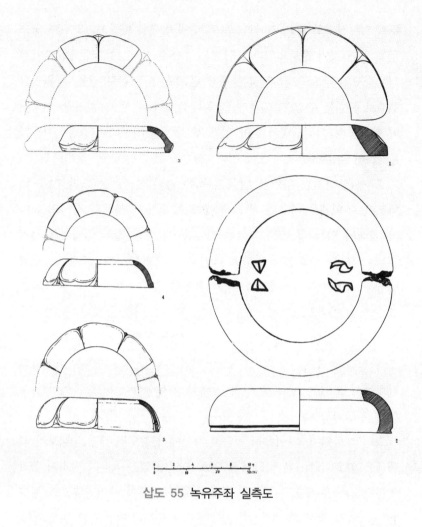

삽도 55 녹유주좌 실측도

10) 기타 기와 제품

이상과 같이 와전 중에서 주요한 유물에 대해서는 언급을 마치지만, 또한 기술할 만한 것은 제2궁전지, 제4궁전지, 금원지 등에서 출토된 용도가 명확하지 않은 유리와편이다.

제2궁전지 서쪽 북변에서 치미 잔편 등과 함께 회백색으로 소성된 두께 7분 정도로 얇은 기와편으로 겉면에 녹유를 바르고, 그 위에 당초 문을 붙인 것이 출토되었다(도판 87-2). 현존 길이 1척 4촌 정도와 1척 7촌 정도의 것으로, 크고 작은 두 잔편으로 연결할 수 있을 뿐 완전한 형태로 복원할 수 없기 때문에 그 형태를 분명히 할 수 없지만, 커다란 파편에 방형의 못구멍이 남아 있는 것 등에서 지붕의 건축장식이었다 는 것을 알 수 있다.

또 제4궁전지 중앙에서 발굴된 녹유 기와편 중에는(도판 79-4~6), 태토가 회백색을 띠고 두께 11촌 정도로, 표면에 녹색과 갈색의 유약 이 칠해져 있는 것으로, 그것을 이었을 때 현존 길이 9촌, 너비 1척 9촌의 커다란 연꽃잎의 일부로 복원할 수 있는데(같은 도판 4), 만약 상상에 기초하여 그것에서 한 점의 완전한 형태를 만들어낼 수 있다면 그 길이는 아마도 3척에 이를 것이다. 그리고 이것이 치미, 귀면와 잔 편 등과 함께 출토되는 점으로 보면, 지붕장식의 일부로 추측하는 것 도 완전히 불합리하지 않으므로, 어쩌면 당나라시기 자은사 대안탑의 각화에서 보이는 것 같은 연꽃 형태의 옥개장식 잔편으로 인정할 수 있을 지도 모르겠다.

그리고 금원지 정자 유적 서쪽의 가산에서 출토된 잔편은 태토가 회 백색을 띠고 두께 1촌 정도의 것으로, 표면에 엷은 녹유가 발라져 있고 일정한 간격을 두고 지름 3촌 정도의 원형 장식이 붙어 있다. 그 형태 는 높이 1척 정도, 복부지름은 3척 정도로 불룩하게 복원할 수 있는데, 그 형태와 정자 유지에서 출토되었다는 점으로 추측하면 腰掛류로 인 정하는 것도 허황된 것은 아니다.

또한 금원지 동쪽에 있는 가산에서 발견된 기와편 중에서 태토가 회 백색인 두께 7분, 현존 길이 1척 4촌, 너비 8촌 정도의 잔편은 그 표면 에 녹유가 발라져 있고, 그 위에 높이 5분, 너비 6분 정도의 가는 가지

띠가 붙어 있으며, 또한 동일한 태토색을 띠는 두께 3분 정도의 연꽃잎 모양 잔편은 마찬가지로 표면에 녹유를 바른 것도 있지만, 이것들은 완전한 형태를 알 수 없기 때문에 그 용도에 대해서도 확실히 알기 어렵다(도판 96-4~10).

2. 석제 사자머리

이 유적에서 발견된 석조 유물 중, 첫 번째로 들 수 있는 것은 이미 서술한 남대묘의 석등이라는 것은 말이 필요 없다(도판 56). 이 외 후술하는 외성 북벽 부근 작은 사찰의 석단에 사용된 2개의 방형 개석도 역시 어떤 사찰지에서 옮겨진 발해 시대 석탑 잔편임에 틀림없는 것으로 생각된다(삽도 78, 본문 161쪽 참조).

그러나 우리가 발굴한 석조품 중 주목할 만한 것은 제2궁전지 앞쪽을 장식하였던 섬록암제(도판 97) 또는 회록색 화산암제(도판 98~100) 사자머리 같은 것은 없을 것이다.

석제 사자머리는 궁전지 흙기단 앞쪽에서 5개, 흙기단 왼쪽 날개 동편에서 1개, 같은 곳 남쪽에서 잔편 1개가 출토되었다는 것은 앞에서 서술하였지만, 그중 흙기단 앞쪽에서 발견된 5개는 대체로 같은 모습을 하고 있는데 비해서 왼쪽 날개 부분에서 발굴된 것은 약간 그 느낌이 다르다. 이어서 전자부터 소개한다.

첫 번째는 흙기단 앞쪽 동편에서 출토된 것으로 머리 부분은 높이 1척 3촌 5분, 길이 1척 3촌이며, 목 부분 아래는 길이 2척 2촌, 너비 1척 1촌 정도의 네모난 기둥 형태로 되어 있는 것이 특징이다(도판 97). 그 양쪽 눈은 크게 뜨고 있고, 입에는 이빨 사이로 드러난 커다란 앞니가 위아래 4개씩 표현되어 있고, 또한 목 둘레에는 머리털과 갈기가 새겨져 있다. 머리에 깊이 5분 정도의 장방형으로 된 작은 구멍 하나가 뚫려 있는 것은 외뿔을 장식했던 흔적이 아닐까 한다. 일본 법륭사에 소장되어 있는 헤이안 시대에 사용되었던 사자머리에는[20] 이 부분에 짧은 뿔이 꽂혀 있다. 역시 네모 기둥 형태로 된 부분에 깊이 3촌 정도의 구멍이 남아 있는 것은 이 사자머리를 궁전 기단에 꽂고 그것을 고정하기 위한 장치로 생각된다.

삽도 59 제2궁전지 출토 석사자

두 번째는 앞에서 서술한 석사자 부근에서 출토된 것으로, 네모 기둥 형태로 된 부분이 없다. 머리 부분은 높이 1척 2촌 5분, 길이 1척 5촌으로, 머리 위에는 2개의 작은 구멍이 뚫려 있어 아마도 뿔 2개를 꽂았던 것을 보여 주는 것으로 생각된다(도판 98).

세 번째 것은 흙기단 앞 서쪽 가장자리에서 출토된 것으로 머리 부분은 높이 1척 1촌 5분, 길이 1척 5촌이며 그 네모 기둥 형태로 된 삽입 부분에 네모난 구멍이 뚫려 있다.

그 외 앞쪽 동편에서 발견된 것은 머리 부분이 높이 1척 4촌, 전체 길이 3척, 서변에서 출토된 것은 머리 부분이 높이 1척 3촌, 전체 길이 3척 정도이며, 그 형태는 앞에서 서술한 3개와 유사하다(삽도 59).

---

20 법륭사에 소장되어 있는 行道에 사용되었던 사자머리에 대해서는 법륭사 대감 등을 참조하기 바란다.

왼쪽 날개 건축물의 동편에서 출토된 석사자는 머리 부분의 높이 1척 2촌, 길이 1척 4촌이며, 네모 형태의 기둥을 꽂는 곳엔 길이 1척 6촌, 깊이 4촌 정도의 구멍이 뚫려 있다. 그 입은 굳게 다물고 송곳니만 드러내고 있을 뿐, 이빨을 보이고 있지 않은 점이 앞에서 언급한 것과 서로 다른 점이다. 또한 머리 위에는 어떠한 작은 구멍이 뚫린 흔적이 발견되지 않은 것은 뿔 모양의 장식이 없었다는 것으로 생각된다(도판 100). 같은 날개 건물 남쪽에서 발견된 섬록암질의 유물은 턱 부분 잔편으로, 이것 또한 이러한 형태라는 것은 그 입을 다물고 송곳니만 드러내고 있는 모습에서 상상할 수 있다(삽도 60).

삽도 60 제2궁전지 출토 석사자

이상과 같이 발해의 궁전 앞쪽은 장식하고 있던 석사자는 흙기단 앞쪽과 그 측면 건축물의 주변에서는 모습을 달리 하고 있는 것이 확인되었는데, 만약 머리 위에 뿔이 있고 커다란 이빨을 드러내고 있는 것을 숫사자라고 인정할 수 있다면, 뿔이 없고 입을 다물고 있는 것은 암사자로 해석할 수 있을 것이다. 하지만 암수 한 쌍 모두 완전히 같은 형태로 제작한 것으로 볼 수 없는 점은 주의를 요한다. 또한 두 개 모두 그 얼굴 및 터럭의 표현에서 어떤 부자연스러움도 없고 이미 형식적으로 변화되는 모습을 보여주고 있지만, 위나라 조조의 동작대에서 출토되었다고 하는 석사자[21]의 웅혼한 기법에는 도저히 비할 수 없는 것이다(삽도 61).

삽도 61 위나라 동작대 석사자

3. 건축쇠장식

궁전지, 금원지 등에서 출토된 건축장식에는 문의 고리 받침, 지도리, 모서리 장식 외에 못 등도 적지 않지만, 어느 것 할 것 없이 모두 철제이다.

1) 문고리 받침

문고리 받침은 곳곳에서 발견되었다. 발해의 궁전 및 사찰의 문은 대체로 쌍바라지(좌우로 열고 닫는 두 짝의 덧창) 문이었던 것으로 생

---

21 동작대에서 발견된 석사자는 大倉集古館에 소장되어 있었는데, 대정 12년 대지진 때 소실되었다.

각된다. 고리 받침 가운데 제5궁전지 서쪽 회랑지에서 발견된 것 중의 하나는 완전하여, 그 둥근 座金, 游環, 環脚 등을 볼 수 있다. 좌금의 지름은 1촌 9분, 유환의 바깥지름은 2촌이다. 환각 중 문에 박혀 있는 못 형태의 부분에는 어떤 굽어진 흔적도 없으며, 그 길이가 1촌 8분으로 보아 문짝과 같은 두께로 한 것임을 추측할 수 있다(도판 101-8).

마찬가지로 제5궁전지 서변에서 발견된 것은 유환이 없다. 좌금은 원형으로 지름 1촌 4분, 환각은 2개가 나란히 합쳐진 끝마다 구부러져 있는 것이 주목된다. 그리고 좌금의 바로 아래 환각의 곧은 부분이 1촌 7분인 것은 문의 두께가 바로 1촌 7분이라는 것을 보여준다고 하겠다 (도판 101-9).

상술한 것과 같이 발해에서 출토된 문고리 받침이 모두 원형을 이루고 있는데, 같은 시대 대화와 경주 등에서 발견된 유물처럼 그 윤곽이 연꽃잎 형태를 띠고 있는 것은 하나도 확인되지 않았다.[22]

2) 문지도리

문지도리도 역시 철제로, 문 쪽에 붙이는 부분(A)과 들보 또는 문틀에 붙였던 부분(B)의 2개로 짝을 이룬다.

현재 제5궁전지 서전지에서 출토된 것에 대해서 서술하면, A는 전체 높이 4촌, 그 횡단면은 세장한 말발굽 형태이며 B는 두께 6분, 길이 4촌 5분, 너비 2촌 6분의 긴 형태이다. A의 횡단면 크기는 위쪽 절반과 아래쪽 절반이 모두 서로 같지만, 그 구조가 삽도 62와 같이 차이를

---

22 신라고분 하나에는 입구가 쌍바라지 문에 꽃모양의 문고리 받침이 붙어 있는 環座가 남아 있다. 이것에 대해서는 有光敎一의 『慶州忠孝里石室古墳調査報告』 도판 45(朝鮮總督府昭和7年度古蹟調査報告 제2책)를 보기 바란다. 또한 일본 나라 시대의 꽃무늬형 環座에 대해서는 앞에서 든 『天平地寶』 도판 27을 참조하기 바란다.

보이고 있는 것이 주의를 끈다. 그리고 아래 절반의 횡단면은 바닥 가장자리가 있는데, 바닥 가장자리의 너비는 2촌, 길이는 중앙 부분이 3촌이다. 다만 아래 절반의 바닥 중에서 채워져 있는 부분에 원형의 오목한 곳이 있는 것은 B의 표면 한쪽에는 지름 1촌 5분, 높이 7분 5리에 달하는 반원형의 돌기에 맞는 것으로, 돌리기 쉽게 만들었다고 생각된다(도판 101-5~6).

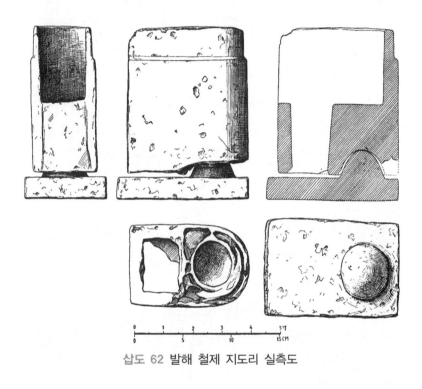

삽도 62 발해 철제 지도리 실측도

같은 형태의 유물 가운데, 문에 붙이는 A부분은 제6궁전지에서 전체 높이 3촌 8분의 것이 1점 출토되었으며, 우리가 동경성 주민에게서 산 것도 전체 높이 4촌 정도로 보이며, B부분은 금원지 중앙 궁전지에서 길이 4촌 4분에 달하는 것이 한 점 발견되었는데, 전부 형태가 같다.

그렇다면, 발해 시대 건축물의 문지도리에 이러한 종류의 장식이 사용되었다는 것은 분명하게 알 수 있지만, 불행하게도 우리는 원래의 위치에서 발견하지는 못하였다.

또한 앞에서 서술한 문고리받침장식 1점과 함께 제5궁전지 서측 회랑지에서 발견된 것에 높이 1촌 2분 5리, 두께 2분, 안쪽 지름 2촌, 바깥쪽에 4분 정도로 만든 쇠고리 2개가 있지만 이것 역시 문지도리의 일종으로 생각된다(도판 101-7). 이러한 종류의 유물은 부여 백제왕릉과 만주 집안현의 고구려 유적에서도 출토되었기 때문이다.[23]

3) 모서리 장식

제2궁전지와 제3궁전지의 사이에 있는 논밭에서 마치 서쪽 회랑지 중간에서 반지 모양의 납작한 철판이 출토되었다. 길이 1척 7촌, 구부러진 부분의 길이 1척 2촌, 너비 각 4촌 정도로, 표면에 동물과 그 머리 뿔에서 뻗어 나와 전체로 확대되는 당초문양이 부조되어 있다(도판 102-1). 그 수법은 아마도 스키토 시베리아식 미술품에서 보이는 사슴류의 뿔이 길게 구불구불 도안된 것(삽도 63),[24] 또는 동일한 수법으로 제작된 사산식 도안을 적용한 것으로 생각된다. 또한 제5궁전지 동쪽의 도랑 유지에서도 앞에서 서술한 것과 같은 너비를 지닌 철편이 출토되었는데, 그 앞면에도 당초문양이 있다(도판 102-2). 이러한 종류의 장식품은 문 모서리에 부착한 것임에 틀림없다.

---

23 이러한 유형의 문지도리 장식으로 백제왕릉에서 출토된 것은 부여박물관에 소장되어 있고, 또한 만주 집안현 고구려 유적에서 발견된 것은 경성의 총독부박물관에 소장되어 있다.
24 G. Borovka; Seythian Art. Pl. I에 근거한다.

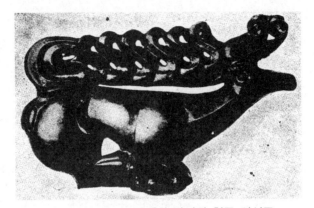

4) 못

쇠못은 곳곳에서 발견되었다. 모두 그 단면이 방형인 것이 특징으로 길이 1척 정도의 것부터 1~2촌에 이르는 작은 것도 확인된다(도판 101-10~11). 그중에는 제4궁전지와 제5궁전지에서 발견된 것과 같이 길이 2촌, 전체적으로 붉은 것이 묻어 있는 것도 있다.

4. 무기

우리는 무기로서는 겨우 철촉 4점만 수집했다. 첫 번째는 제6궁전지에서 출토된 버들잎 형태로, 화살대를 꽂는 긴 부분이 남아 있으며 전체 길이는 2촌 9분이다(도판 101-4, 삽도 64). 두 번째는 제4사찰지에서 발견된 것으로 이 또한 버들잎 모양이며 전체 길이는 2촌 6분이다(도판 101-3, 삽도 64). 세 번째는 제2궁전지 동쪽에서 출토된 것으로 가늘고 긴 끌모양을 하고 있으며 그 끝의 한 변만이 날 부분을 이루고 있으며, 짧은 화살대를 꽂는 부분을 포함한 길이는 3촌 5분이다(도판

101-2, 삽도 64). 이어서 네 번째 제5궁전지 서전지에서 발견된 것은 전체 형태가 반듯한 2개의 가지 형태로 길고 가는 화살대를 꽂는 부분과 양쪽 모리의 날 부분으로 이루어진 점이 특히 주목을 끈다. 전체 길이는 3촌 3분이다(도판 101-1, 삽도 64).

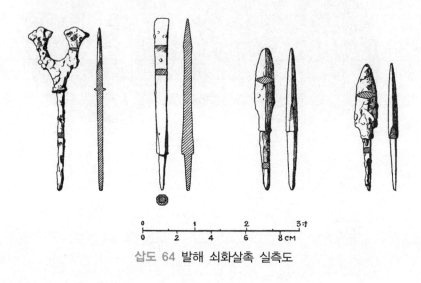

삽도 64 발해 쇠화살촉 실측도

이전에 발해 시대의 무기로 소개된 것은 『영안현지』에 기록되어 있는 철제 투구[25]와 하얼빈박물관에 소장되어 있는 같은 형태의 철제 투구의 둥근 부분이다. 그중에서 후자는 성터 부근의 무덤에서 출토되었다고 전해지는 것으로, 파노소프 등이 가져 온 것이며 그 높이 5촌 5분, 아랫지름 7촌인 8개의 철조각을 징으로 박은 것이다. 현재 그 윗부분에 동그란 구멍이 남아 있을 뿐 복발 부분이 없지만, 당시 투구를

─────────────

25 鳥居龍藏의 『滿蒙の踏査』 제26장에 의하면, 오봉루지 아래에 있는 작은 사찰과 소학당에 부근에서 출토된 불상과 쇠투구가 소장되어 있는 것 같지만 현재는 아무런 유물도 없다고 한다.

살펴볼 수 있는 좋은 자료이다(삽도 65).

삽도 65 발해 철제 투구

5. 도기

도기 잔편은 궁전지, 사찰지 등이 있던 부근 농지에 적지 않게 흩어져 있지만, 이것 모두 발해 시대의 유물인지는 선뜻 확정하기 어렵기 때문에 여기서는 주로 우리가 유지에서 발굴한 것에 대해서만 기술하고자 한다.

도기를 완전한 형태로 복원할 수 있는 것은 겨우 한 점을 꼽을 수 있을 뿐이며, 다른 것은 모두 잔편이다. 이 도자기편들은 어떤 것이든 모두 물레를 돌렸던 흔적이 남아 있고, 이것을 제1유형의 유약을 바른 것과 제2유형의 애벌구이한 것으로 대별할 수 있는데, 그중에서 전자는 거의 모두가 이른바 삼채 유약을 바른 것이라는 점이 주목할 만하다.

(1) 제1유형

제4궁전지와 제5궁전지를 연결하는 중앙 회랑지에서 출토된 것은 두께 5분 정도의 잔편으로, 태토는 회백색을 띠고 약간 거친 재질의 모래 입자가 포함되어 있지만, 그 표면에 칠해져 있는 녹색, 갈색, 황색의 3색 유약의 색조는 당나라시기의 정품으로 생각할 만하다. 아마도 중국에서 전해진 박제품으로 생각된다(도판 103-1). 또한 같은 회랑지에서 발견된 것에는 대체로 앞에서 기술한 것과 같은 재질의 태토를 지닌 두께 3분 정도 파편에 황색과 갈색의 유약이 남아 있는 것이 있다(도판 103-2).

제4궁전지 서쪽의 회랑지에서 출토된 잔편 2점은 두께 2분으로, 그 태토는 적갈색을 띠며 약간 치밀한데, 이것에 발라져 있는 유약이 녹색 한 종류로 삼채를 바르지 않은 것은 이 유적에서 발견된 제1유형의 도기 중에서 유일한 예이다(도판 103-3).

이상에서 서술한 도기편은 동체의 어떤 부분에 속하는 것인지 확실한 것이 없지만, 우리가 금원 동쪽 가산에서 수집한 두께 2분 정도의 얇은 유형은 받침 잔편으로 보인다(도판 103-4, 삽도 66-33). 그 태토는 흰색으로 표면에 녹색과 갈색 및 황색의 유약을 사용하고, 안쪽에는 엷은 녹색 철유를 바른 흔적이 확인된다. 그것이 중국 제품이라는 점은 의문이 없을 것이다. 또한 동경성 북변의 수혈지에는 제2유형의 도기와 함께 두께 3분 정도의 도기편이 많고, 그 태토가 회백색·갈색 모래 입자를 포함하며 약간 단단한 느낌으로 그 표면에 녹색, 갈색, 황색 등을 바른 것이 출토되었는데, 이것 역시 유물 받침의 일부로 두 줄의 새끼줄무늬 장식 사이에 구멍을 뚫어 3개의 잎모양을 새긴 화려한 잔편이다(도판 103-5, 삽도 67-33). 같은 수혈지에서 발견된 것은 두께 2분으로, 태토는 회백색 조질이며 그 겉에는 삼채색을 바르고,

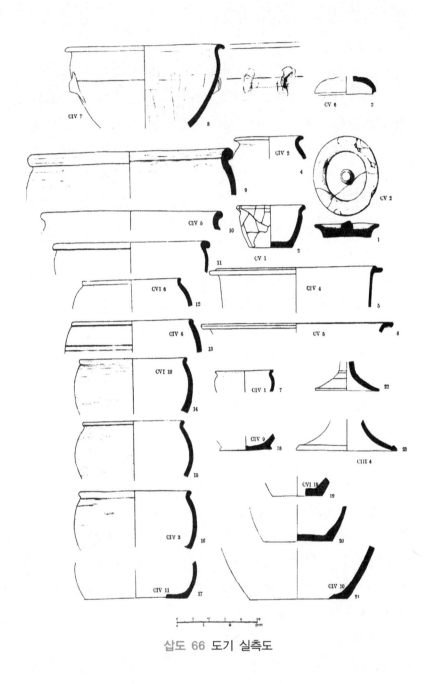

삽도 66 도기 실측도

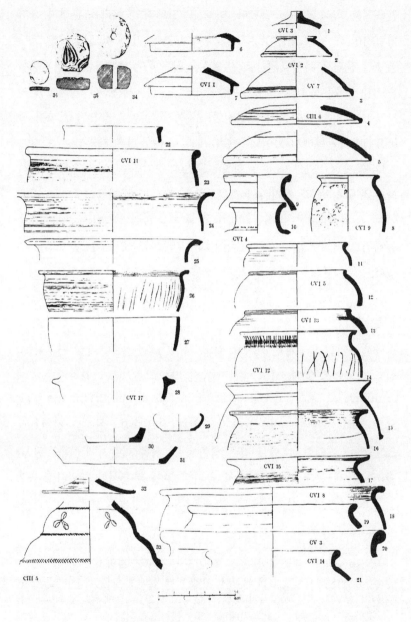

삽도 67 도기 및 방추차 실측도

안쪽에는 회색 철유를 발랐다. 현재 그 전체적인 형태를 분명히 하기 어렵지만 아마도 중앙에 손잡이 꼭지가 붙어 있는 것으로 어떤 그릇 뚜껑의 잔편으로 생각된다(도판 103-6, 삽도 67-4). 이러한 수혈지에서 출토된 삼채유를 바른 것 모두 중국에서 들어온 제품인지 발해에서 제작된 것인지는 판단하기 어렵지만, 그 녹색 부분이 정창원 소장품 중 녹유백반자기병에서 확인되는 녹유색과 비슷한 것은 간과할 수 없다.[26]

『두양잡편』권하 당무종 회창원년조에 근거하면, 발해국에서 당나라인을 놀라게 한 자자분(紫瓷盆) 같은 도자기를 제작하였다는 것을 알 수 있기 때문에, 앞에서 서술한 중국 제품으로 추정할 수 있는 유물 중에서도 어쩌면 발해인들의 손에 의해 만들어진 것이 있는지도 알 수 없다.

(2) 제2유형

애벌구이한 도기편은 대체로 얇고 검푸른색을 띠며, 약간 견고한 소성도를 보이고 있다. 주로 궁전지(도판 104, 도판 105-1~4)와 수혈유지(도판 106-1~19)에서 출토되었으나 그 밖에도 제2사찰지(도판 105-5~6), 제4사찰지(도판 105-7)에서 발견된 것도 있다. 어떤 것이든 잔편으로 그 원형을 복원할 수 있는 것은 제4궁전지 서쪽 회랑지에서 출토된 술잔(埦)과 제5궁전지 서전지에서 발견된 뚜껑 부분이다(도판 105-1~2, 삽도 66-1~2). 다만 그 구연부, 기저부 잔편 형상으로 보면 병(壺)·항

---

26 정창원에 소장된 녹유백반도병 구연부 파손 단면을 관찰하면, 그 태토는 흰 색을 띠고 있고, 석영 같은 회색 모래 입자를 포함하고 있으며, 조금 거칠면서 부서지기 쉽게 보인다. 이에 비해 발해국 수혈지에서 출토된 삼채도기편 잔편은 마찬가지로 흰 색을 띠고 있고, 태토에 갈색 모래 입자를 포함하고 있는데, 전자에 비해서 약간 단단한 느낌을 준다. 그리고 유약에 대해서 말하면, 그 녹색은 대체로 두 개가 비슷한 것으로 생각된다.

아리(甕)·바리(鉢)·작은 술잔(坮)·제기(豆) 등이 확인되었으며, 또한 뚜껑으로 생각되는 것도 적지 않다. 이러한 도기의 형식에 대해서는 앞에서 서술한 도판 및 삽도 66, 67 등에서 들었는데, 여기서는 두세 점에 대해서 설명하고자 한다.

구연부에는 바깥쪽으로 꺾인 가장자리와 짧은 목부분을 지니고 있는 것, 동일한 모양의 구연부를 가지고 있지만 목부분이 전혀 없는 것, 어떤 특별한 형태를 띠지 않고 다만 구연부 주변만 반듯하게 한 것 등이 있다. 또한 복부에는 그 안팎에 비녀 같은 것으로 세로 또는 가로로 선을 그린 것, 겉에 빗살무늬를 새긴 것, 손잡이 흔적이 있는 것, 전혀 무늬가 없는 것 등이 확인된다. 기저부에는 제기 받침 외에 바리(鉢)·병(壺)의 그것이 있지만, 대체로 바닥이 평평하며 실굽(絲底)이 있는 것은 수혈지에서 한두 점 발견된 것에 불과하다.

다음으로 뚜껑은 앞에서 언급한 제5궁전지 서전지에서 발견된 것 이외에 수혈지에서 몇 점의 잔편이 수집되었지만, 어떤 것이든 모두 표면 중앙에 꼭지(손잡이)가 붙어 있는 것이 특징이라고 하겠다. 이러한 형태의 도기 뚜껑이 일본 평성경 궁전지에서 많이 출토되었다는 것은 주지의 사실일 것이다.[27]

앞에서 서술한 제2유형에 속하는 잔편 중 주목할 만한 것은 빗살무늬를 새긴 것이다(도판 105-4, 삽도 68). 이러한 것은 모두 제5궁전지 서전지에서 한 무더기가 출토되었으나 이것을 원형으로 복원할 수는 없다. 그러나 이러한 무늬가 있는 요나라 시기의 도기 항아리 완제품

---

27 일본 나라의 평성궁지 및 부근의 가마유지에서 출토된 뚜껑이 있는 토기에 대해서는 上田三平의 『平城宮址調査報告』 도판 22(內務省史蹟精査報告 제2), 岸泰吉의 『第二回發掘平城宮遺溝遺物調査報告』 도판 10(奈良縣史蹟名勝天然紀念物調査報告 제13책) 및 앞에서 든 『天平地寶』 도판 88 등을 참조하기 바란다.

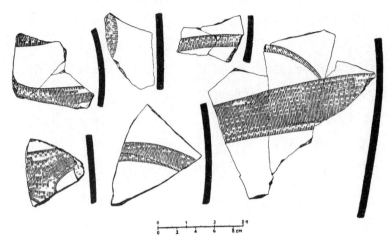

삽도 68 제5궁전지 서전지에서 출토된 빗살무늬 토기

이 봉천성 밖과 열하 등에서 발견되었으므로,[28] 그것과 비교하면 대체로 원형을 엿볼 수 있다(삽도 69). 즉 어쩌면 이 도기편은 약간 긴 목 부분이 있는 높이 1척 정도의 술병(壺)으로 복부 아래에 가는 빗살무늬를 표현하고 있는 유물 잔편으로 생각된다.

또한 제2유형에 속하는 것 중에, 제5궁전지에서 출토된 것과 같이 검푸른색을 띠고 있으며, 두께 7분 정도의 두터운 대형 항아

삽도 69 도기 항아리

28 봉천 동문 밖에서 출토된 遼開泰七年銘石館과 함께 출토된 이러한 종류의 토기에 대해서는 驅井和愛의 『遼代の素燒に土器に就いて』(東洋史會紀要 제1책)을 참조하기 바란다. 또한 삽도 69에서 든 토기는 봉천박물관에 소장되어 있는데, 아마도 열하에서 발견된 요나라 시기의 유물로 생각된다. 높이는 9촌 4분이다. 서문에 있지만 이러한 종류의 토기가 시베리아에서도 발견되고 있다는 것은 주목할 만한 가치가 있다.

리(甕) 잔편이 남아 있는 것과(도판105-3) 수혈지에서 출토된 것 한 종류만 있는데, 소성도가 자못 단단하며 적갈색을 띠고, 표면에 비녀 같은 것으로 문지른 가로줄이 확인된 것을 간과할 수 없다(도판106-8).

6. 불상

불상 중에는 우리가 직접 앞에서 언급한 여러 사찰지에서 발굴한 것과 주민들에게 구매한 것이 있는데, 구입품도 역시 사찰지에서 발견된 것임에 틀림없다. 현재 이 불상들을 그 재료에 따라 분류하면 제1유형의 전조불, 제2유형의 청동불, 제3유형의 철조불, 제4유형의 건칠조불, 제5유형의 소조불 및 제6유형의 벽화도상, 즉 6종류이다.

(1) 제1유형

전불은 모두 환조형(丸彫式)으로 제3·제4사찰지에서 형태가 완전한 것과 그 잔편을 합하여 모두 수백 개체분이 발견되었다. 제3사찰지에서 출토된 전불은 좌상과 입상 두 종류로, 좌상은 광배까지의 전체 높이 약 2촌 9분이고, 입상은 관음을 나타내는데 전체 길이는 3촌 7분 정도로, 그중에는 상체를 오른쪽으로 드러내고 왼손을 볼에 대고 사유하는 모습을 하고 있는 것도 발견되었다(도판 107~108). 제4사찰지에서 발견된 것은 모두 좌불로 앞에서 서술한 제3사찰지에서 출토된 그것에 비해 약간 작아서, 광배까지 약 2촌 2분이다(도판 109-1~10). 또한 동경성에 머무르는 동안 투타이즈에서 출토된 것으로 전해지는 전불로서 제3사찰지에서 발견된 좌상과 비슷하나 약간 큰, 높이 3촌 3분의 유물 한 점을 전해 받았다(삽도 70).

삽도 70 발해 전불

　이 전불들은 어떤 것이든 틀을 사용하여 만든 것으로 황갈색을 띠
고, 얼굴과 옷무늬 등에선 어떤 것은 붉은색 또는 녹색이 남아 있는
것, 어떤 것은 유약을 발랐던 흔적이 남아 있는 것이 있으며, 그 밖에
광배에 붉은색 또는 검은색 등으로 테두리를 표현한 것도 있다. 또한
그중에는 제4사찰지에서 발견된 것처럼 전체적으로 금박을 한 흔적이
있는 것도 발견되었다. 그 입상과 좌상 모두 연좌 아래에 쇠못이 붙어
있는 것이 확인되었는데, 산서성 대동현 운강의 북위석굴에서 확인된
것처럼 벽에 작은 감을 만들고 그 안에 꽂아서 안치시켰거나 같은 산
서성 태원현 부근의 천룡실 북제 석굴 가운데 한 곳의 오벽 조각에서

확인되는 것처럼 나뭇가지를 장식화한 기단을 만들고 꽂아 두었던 것인지를 보여주는 것으로 생각된다(삽도 71). 또한 그 뒷면은 대충 만들어서 매끄럽지 않다.

삽도 71 1. 운강석굴 2. 천룡석굴(왼쪽부터)

이러한 유형의 환조식 소형 전불은 신라 사찰지에서도 높이 5촌 정도의 것이 발견되었으나(삽도 72-1) 가장 참고할 만한 것은 고구려 사찰지에서 많이 발견되는 것이다. 고구려 전불은 주로 평안남도 평원군 덕산면 원오리 사찰지에서 출토된 것으로[29] 발해의 그것에 비해서 약간 크며, 마찬가지로 좌상과 입상이 있지만 어느 것이나 높이가 6촌 정도이며, 그 모습과 의복의 무늬 등이 매우 우아하고 아름다

---

29 小泉顯夫의 『泥佛出土地元五里廢寺址の調査』(朝鮮古蹟研究會昭和十二年度古蹟調査報告 수록).

운 기법을 보이고 있다(삽도 72-2~3).

삽도 72 신라 및 고구려 전불

그러나 이것 또한 연좌의 바닥에 작은 구멍이 뚫려 있고, 나무못 또는 대나무못 같은 것으로 벽면에 꽂아서 안치시켰을 것으로 생각되는데 이것은 매우 흥미를 불러 일으킨다.

(2) 제2유형

우리가 발굴한 사찰지에서는 오직 제4사찰지 수미단지 앞쪽에서 1개의 소동불 머리 부분이 출토되었을 뿐이다(도판 109-11). 게다가 이것으로 발해 시대에 금속불이 존재했다는 것이 확인되었다는 뜻이다. 동경성 주민들과 영안현 일본 영사관 경찰서 사람들의 말에 따르면, 제1궁전지 즉 현재의 오봉루지로 불리는 기단 위에 세워져 있는 사찰 안에서 최근까지 금동제 소불상이 몇 점인가 소장되어 있었다고 하는데, 언제인가 다른 곳으로 옮겨져 버렸다고 한다. 이것이 정말 발해 시대의 유물인가는 분명히 하기 어렵지만, 당시 금동불이 있었다는 것은 앞에서 서술한 것처럼 명확하기 때문에 신뢰해도 무리가 없을 것으로 생각한다.

우리는 동경성에 체류하는 동안 마을 사람들에게 금동불 1점을 구입하였다. 이것은 높이 3촌 정도의 관음입상으로 현재 광배는 없지만 오른손을 들고 왼손에 보배병(약병)을 들고 있다. 그 모습과 자세에는 고졸한 분위기가 보이고, 그 분위기도 역시 제3사찰지에서 출토된 벽돌로 만든 관음상과 매우 비슷하기 때문에 발해인이 제작한 것으로 생각할 수 있다. 『책부원귀』 권972 조공조에 당 원화 9년에 발해의 사자가 금은불상 각 1구를 중국에 공헌하였다는 기사가 실려 있는 것 등과 부합할 수 있을 것이다(도판 110-1).

(3) 제3유형

당시 하얼빈에 머물던 와쿠이 요시노스케(和久井吉之助)가 동경성 토태자에서 발견한 것으로 전해지는 철불좌상 한 점을 소장하고 있었다. 높이 4촌으로 그 형태는 완전히 제3사찰지에서 출토된 전불좌상과 분위기가 동일하여, 발해 당시에 제작된 것으로 생각된다. 아마도 이런 유형의 철불도 역시 전불과 마찬가지로 천불로서 많이 제작된 것임에 틀림없다(도판 110-2).

(4) 제4유형

발해 시대의 건칠불로서 완전한 것은 현재 하나도 남아 있지 않다. 오직 제2사찰지를 발굴할 때 건칠 1편이 불에 탄 채로 남아 있던 것을 보면, 발해에도 건칠불이 제작되었던 것으로 생각해도 무리가 없을 것이다.

(5) 제5유형

우리가 발굴한 사찰지에서는 모두 소조불 잔편이 많이 출토되었다. 사찰은 이미 서술한 것처럼 화재를 당하였기 때문에, 소조불 같은 것은 거의 가루가 되어, 겨우 나발, 보계, 의복무늬, 영락 등 일부분이 수집된 것에 지나지 않았다. 그러나 제2사찰지에서 출토된 나발, 보계, 의복무늬 및 영락에 유려한 기교가 엿보이며, 색깔에서도 흑·자·녹·청 등이 일부 확인된다(도판 111-1~8). 전체적으로 일본 대화 시대의 橘寺와 藥師寺 또는 근강에 위치한 雪野寺 등에서 출토된 소조불[30]과 동일한 분위기를 지니고 있는 것이 확인된 것은 매우 흥미를 끈다. 또한 같은 사찰지에서 발견된 소조불의 동체가 깨진 부분에는 그 안쪽에 불에 탄 나무조각이 붙어 있는 것, 나무결이 찍혀 있는 것 또는 둥글게 말려 있는 흔적 등이 남아 있는데, 이것도 일본 나라 시대의 소상불과 제작기법을 같이 하는 것임을 보여 주고 있다. 또한 제3사찰지에서 출토된 소조불 잔편에는 얼굴 부분의 일단을 살펴볼 수 있다. 아마도 전체 길이 2척 정도의 천부상 잔편으로 생각되는 것으로, 화가 난 모습이 약간 확인된다(도판112-3~4).

제3사찰지에서는 불상 잔편 외에 삼채도기로 주계와 연꽃잎 장식이 있는 잔편(도판 103-7~8, 115-1~2) 및 틀로 찍은 연꽃잎과 화당초, 기타 반원형의 구슬장식 등 잔편이 수집되었다(도판 113-115-3~6). 일본 대화 시대 當麻寺 금당 불단 상부에 연꽃잎 장식이 있고 양측에 화당초 무늬가 확인된 것을 참조한다면[31] 어쩌면 앞에서 서술한 유물은 발해 사찰의 불단 가장자리를 장식하고 있던 것이 아닐까 한다(삽도 73).

30　일본 雪野寺 이외에서 발견된 소조불에 대해서는 앞에서 언급한 『雪野寺發掘調査報告』 도판 6~31 및 『天平地寶』 도판 37~42 등을 보기 바란다.
31　또한 當麻寺 금당 본존대좌에 대해서는 당마사 大鏡을 보기 바란다.

삽도 73 당마사(當麻寺) 금당 불단

(6) 제6유형

발해 사찰지 벽면이 다양한 채색 그림으로 장식되어 있었다는 것은
제2사찰지(도판 116, 117), 제3사찰지(도판 115-7~10)를 발굴할 때 출
토된 것과 바이먀오즈에 위치한 사찰지에서 수습한 벽화 잔편으로 확
실히 증명되었다. 벽화는 소조불과 마찬가지로 깨진 상태로 화재를 당
하여 재가 되었는데, 그 전체 도면을 상상할 필요도 없이, 진흙에 여물
을 섞고 겉에 회를 하얗게 바른 뒤에 채색 그림을 그린 스투코(stucco)

로, 안에는 다양한 꽃무늬가 묘사되어 있고, 중간에는 불단의 일부로 생각되는 도상도 확인되었다. 꽃무늬는 완전히 일본 나라 시대의 그것과 동일한 수법이다(도판 117). 벽화에서 가장 확실히 알 수 있는 것은 제2사찰지 수미단 위쪽의 흙에서 발견된 철불도로 작은 잔편을 몇 개 잇고 대조해서 복원하여 대체로 그 도상을 확인할 수 있었다(도판 116). 불상은 높이 4촌 2분 정도로 붉은색 옷과 금옷을 입은 것을 번갈아 배치하고 있는 것이 확인되었다. 또 중간에는 꽃무늬를 이어서 일종의 경계선으로 삼고 있는 것도 확인된다. 그 색깔은 검은색과 붉은색 두 종류만으로 원래의 색깔을 확실하게 할 수 없는 것은 아쉽지만 이것으로 발해 사찰 벽에도 돈황 천불동과 마찬가지로 도상과 꽃무늬 등을 장식하고 있었다는 것을 확실히 알게 된 것은 매우 큰 기쁨이었다.

7. 화동개진

발해가 그 도성제 · 궁전 · 사찰 구조로부터 다른 것에서도 당나라 문화의 영향을 받은 부분이 적지 않다는 것은 앞에서 여러 차례 설명하였는데 우리는 궁전지 또는 사찰지 발굴 즈음에 개원통보 등이 출토되기를 기대하고 있었으나, 뜻밖에도 당나라 동전은 발견하지 못하고 일본의 화동개진 1점을 발견한 것은 순전히 놀랄 만한 일이다.

발해와 일본과의 교류 관계를 여실하게 보여주는 이 동전은 이미 서술한 것처럼 제5궁전지 서실 기단면에서 발견된 것으로, 그 지름은 8분 정도이고 중간에 2분 정도의 네모 구멍이 뚫려 있으며, 동전 앞뒷면 모두 둥근 원 및 방형 구멍에 너비 5리 정도의 윤곽이 있으며, 화동개진이라는 4글자가 주조되어 있다. 제작 기법은 매우 뛰어나며 동전 색

깔도 역시 선명하다.[32]

일반적인 화동개진은『속일본기』에 "和銅元年七月丙辰 令近江鑄銅 錢 八月己巳始行銅錢"이라고 기록되어 있는 동전으로, 그 서체는 개원 통보를 모방하였다는 설이 있는데, 이 유적에서 발견된 것이 이러한 종류에 속하는 것이 분명하다(도판 118-1).

8. 기타 유물

이상 여러 차례 언급한 유물 이외에 장식품 잔편 등이 있고, 또한 우리가 동경성 주민들에게 구입한 것 중에서도 주목할 만한 유물이 적 지 않다. 아래에서는 이러한 것을 하나로 묶어서 서술하려고 한다.

1) 유리제 작은 구슬

제5궁전지 동쪽의 도랑지에서 청색 유리제 작은 구슬 4점이 한꺼번 에 출토되었다. 어떤 것이나 모두 지름은 3분으로 머리 장식 등에 사용 되었던 것으로 생각된다(도판 118-6).

2) 유리제 작은 병 잔편

제2사찰지 수미단 아래에서 현무암 석탑보주(도판 111-10, 삽도 74)

---

32 화동개진의 출토에 대해서 고찰해볼 만한 것은 일본과 발해국과의 교류 상황일 것이다. 일본에서는 彩帛, 綾絹絲, 眞綿, 黃金, 水銀, 水晶, 珠數 등을 주었고, 발해국인은 주로 貂, 虎, 羆, 豹 등의 짐승가죽, 인삼, 꿀을 바치고 있는 것 같다. 이것에 대해서는 內藤虎次郎의『日本滿洲交通略說』 (東洋文化史硏究 수록)의 발해국조 및 부기된 渤海來聘表 등을 참조하기 바란다.

에 덮여 있던 은색으로 풍화된 유리제 작은 병 파편이 출토되었는데 그것이 진단구로 묻은 것인지는 분명하지 않다(도판 118-9).

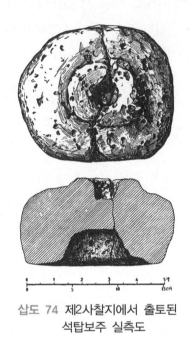

삽도 74 제2사찰지에서 출토된
석탑보주 실측도

3) 청동제 장식구 틀

제5궁전지 북변 중앙부에서 전체 길이 3촌 5분, 두께 2분 정도의 초승달처럼 생긴 청동 제품이 출토되었다. 그 한쪽 면에 당초문이 음각되어 있고, 다른 면은 거칠게 만들어져 있다. 아마도 어떤 장식품 틀의 한쪽으로 생각된다(도판 118-5).

4) 금동제 당초문 투조 장식

금원지 동측 가산에서 현존 길이 1촌 4분 정도인 당초문 투조 장식이 수집되었다. 전체적으로 도금한 흔적이 확인되었고, 양쪽 끝 부분에 각각 한 개씩 작은 구멍이 뚫려 있다. 아마도 어떤 종류의 유물에 못을 박아서 고정시켰던 장식품으로 생각된다(도판 118-2).

5) 금동제 인동문 투조 장식

제5궁전지 동측에서 발견된 것으로 전체 형태는 원래 장방형이었을 것으로 생각되지만, 현재 그 한쪽 끝이 없다. 인동문을 투조한 3면에 너비 3분 정도의 테두리가 남아 있고, 그 한쪽 변에 작은 구멍이 3개 정도 뚫려 있다. 이것은 또한 유물에 못을 박아 고정시켰던 장식으로 생각된다(도판 118-3).

6) 금동제 꽃무늬 장식

제5궁전지 동측 기단에서 지름 1촌 4분 정도의 얇은 청동 조각이 발견되었는데, 6장의 꽃잎 형태로 테두리를 상징하고, 표면의 꽃잎 사이 및 중앙에 중복된 같은 형태의 6개의 꽃잎을 철사를 붙여서 표현하였다. 6장의 꽃무늬가 발해 와당 등에서 일반적으로 보이는 도안이라는 것은 이미 서술한 바이다.

이 장식이 어떤 장식에 사용되었던 것인지는 분명하지 않지만 전반적으로 도금한 흔적이 확인되었고, 또한 테두리의 철사 바깥쪽에 이것 또는 금동의 구슬 무늬가 있어서 자못 화려한 수법을 보여 주고 있다.

아마도 이 철사로 둘러 쌓여 있는 부분에 칠보류 등을 더하여 칠기 외의 유물에 붙였던 것이 아닐까 한다(도판 118-4).

이러한 칠보를 넣은 유형의 장식품 유물이 일본 대화 시대 견우자총에서 출토된 것은[33] 이 유물과의 비교에서 주목할 만한 가치가 있다.

7) 청동제 기마인물상

2점 모두 주민에게 구입한 것으로 그 출토 지점은 확실하지 않다. 그중 하나는 높이 1촌 7분의 중앙에 구멍이 있는 작은 유물로, 인마 전체의 모습이 매우 정연하다. 말위의 안장, 니장을 표현하고 그 위에 바지를 입고 있는 인물이 다리를 벌려 타고 있다. 그 인물과 말의 표현이 당나라시기 명기에서 보이는 기마인물상[34]과 비슷한 것은 이 작은 유물이 발해 시대의 유물이라는 것을 암시하는 것이라고 할 수 있다(도판 119-1). 또 다른 하나는 높이 1촌으로 조악하고 편평하며 겨우 기마 인물만을 표현하는 것으로 생각되며, 전체적으로 이른바 스키토 시베리아식의 도안이 담겨 있는 것으로 생각된다(도판 119-2). 전자는 말등에 후자는 인물의 머리 부분에 구멍이 뚫려 있다. 양자 모두 어떠한 장식에 사용된 것임에 틀림없다.

8) 청동징과 청동못

청동징은 모두 제5궁전지에서 출토되었다. 길이 1촌 5분부터 겨우 5분 정도의 짧은 것도 발견되었는데, 어떤 것이든 그 머리 부분이 만두형인 것이 특징이다(도판 101-12~14). 이러한 청동징은 앞에서 서술한 당초문·인동문 등의 투조 장식을 유물에 붙이기 위해 사용된 것으로 생각된다.

또한 제5궁전지 동측에서 길이 2촌 정도의 청동못이 한 점이 발견되었는데 그 단면은 앞에서 서술한 쇠못과 마찬가지로 방형을 이루고 있

---

33 牽牛子塚에서 출토된 칠보 장식은 上田三平의 『牽牛子塚古墳』(奈郎縣に 於ける指定史蹟 제1책) 및 『天平地寶』 도판 26을 참조하기 바란다.
34 당나라 시기 기와로 만든 명기인 기마인물상에 대해서는 濱田耕策의 『支 那古明器泥象圖說』 등을 확인하기 바란다.

다(도판 101-15).

9) 철제 집게

내성 남문지 북동쪽 끝에 있는 초석을 발굴하던 중에 철제 집게 한 점이 발견되었다. 그 길이는 6촌이고 단면은 방형이며, 앞쪽 끝은 가늘고 다른 한쪽은 철제 고리가 붙어 있다. 그 제작 수법은 거칠어서, 앞에서 서술한 쇠못을 떠오르게 한다. 이 역시 발해 시대의 유물로 인정해도 지장이 없을 것으로 생각된다(삽도 75).

10) 철제 가위

제2궁전지 북문지 서쪽에서 꽃무늬가 있는 가위 한 점이 수습되었다. 그 손잡이 끝은 파손되었지만 현존하는 길이는 3촌 정도로 계산되며 중간에 박은 못 장식에 방형의 아연판이 사용되고 있는 것이 주의를 끈다. 이 가위도 또한 옛 느낌을 담고 있지만 과연 발해 시대의 것인지는 쉽게 결정하기가 어렵다(삽도 76).

11) 철제 풍경

이 유물은 동경성의 주민에게 구입한 것으로 그 출토 상태 등은 분명하지 않다. 전체 높이는 2촌 7분, 입지름은 3촌 5분, 추는 철사 형태로 가늘게 만들어져 있다. 그러나 방울은 남아 있지 않다.

이 풍경에서 주의할 만한 것은 머리 부분의 국화 무늬가 있는 곳과 아래의 물결 무늬가 있는 사이에 인동문양 부조가 있는 것으로 그 기법을 관찰하면 후세에 없는 것으로 생각된다.[35] 어쩌면 발해 시대 제작

---

35 동경제국대학 문학부 고고학 연구실에 이 풍경과 같은 형태로서 약간 제작 기법이 떨어지는 유물이 소장되어 있다. 적봉 부근에서 출토된 것으로

된 것으로 보는데 지장이 없을 지도 알 수 없다(삽도 77).

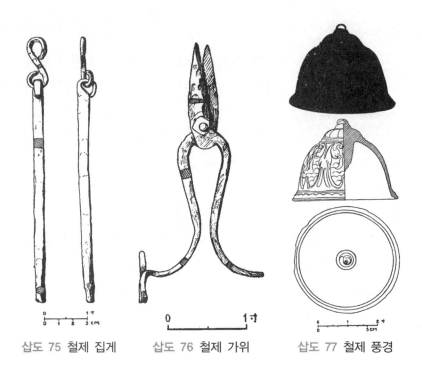

삽도 75 철제 집게   삽도 76 철제 가위   삽도 77 철제 풍경

12) 석제 옥개석

우리가 성벽을 조사하던 중에, 외성 북벽에 이어진 곳, 즉 동쪽 구역
제1호 도로 제4방에 해당하는 곳에 있는 작은 사찰 석단에 사용되었던
2개의 현무암제 석탑(?)의 옥개 부분을 발견하였다. 그 하나는 네 개의
마룻대가 중간으로 모이는 것으로 높이 7촌 5분, 한 변의 길이 2척 5
촌, 다른 한 변의 길이는 2척이며 윗부분에서 한 변 4촌, 깊이 2촌 5분
정도의 구멍이 확인되었다. 두 번째 것도 역시 네 개의 마룻대가 중심

아마도 요나라 시기의 유물로 생각된다.

의 한 곳으로 모이는 것으로 높이는 8
촌 5분, 주변의 길이 2척 3분과 2척 2
분이다. 그 윗부분에서는 어떠한 구멍
도 확인되지 않았다. 이 옥개들이 어
디에서 옮겨졌는지 알 수 없지만 발해
시대의 유물로 인정해도 큰 잘못은 없
을 것이다(삽도 78).

삽도 78 발해 석탑 옥개석

13) 석제 짐승 형태의 그릇 받침

동경성 주민에게 구입한 것으로, 대리석으로 만들었으며 전체 높이
는 2촌 7분이고 날카롭게 눈을 뜨고 있으며, 크게 벌린 입에서 송곳니
를 드러내고 있다(도판 119-3, 삽도 79).

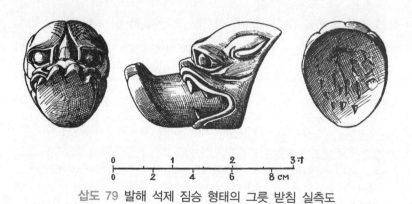

삽도 79 발해 석제 짐승 형태의 그릇 받침 실측도

또한 우리들은 같은 형태의 유물 받침 일부로 추정되는 삼채 유약을 바른 도기편도 주민에게 양도받았다. 이러한 종류의 도제 짐승형 그릇 받침은 예전에 조선 및 일본에서도 출토되었다.[36] 이 유물을 중국 당나라 및 신라의 도기 그릇 받침 부분과 비교해보고, 또한 일본 정창원 소장품인 화사의 동제 받침을 참고해보면 저절로 그 제작 시대를 추찰하는데 지침이 될 것이다(삽도 80).

삽도 80 1. 세천호립후 소장 담삼채유호 2. 제실박물관 소장 경주출토 녹유호
3. 정창원 소장 청동제 화로(왼쪽부터)

14) 석제 남근

동경성 주민에게 전자와 마찬가지로 대리석으로 만든 남자의 성기를 모방한 유물을 구입하였다. 이것은 궁전지 안에서 발견된 것으로 전해지는데, 길이 4촌 2분, 지름 1촌 5분이며 중간이 비어 있고, 표면에 주름이 새겨져 있어 매우 사실적이다. 이러한 유형의 석제품은 경도제국대학 고고학 교실에서도 당나라 시기 유물로 추정하였는데, 그

---

36 일본에서 발견된 기와로 만든 짐승형태의 그릇 받침에 대해서는 内藤政恒의『我國發見の獸脚に就いて』(考古學雜誌 제27권 제1호)에 자세히 서술되어 있기 때문에 그것으로 대체한다. 또한『天平地寶』도판 87을 또한 참조하기 바란다.

제작 수법이 매우 비슷하다.[37] 이 유물은 앞에서 서술한 짐승 형태 그릇 받침의 석재를 참조하면, 제작년대는 발해 시대일 것으로 생각된다.

15) 기와제 방추차

방추차 및 그 미완성 제품은 모두 동경성 시내 북변 수혈유지에서, 이미 서술했던 삼채도기편 등과 함께 출토된 것이다. 여기서는 그중 3~4개에 대해 설명을 하려고 한다(도판 120, 삽도 67).

그중의 하나는 검푸른색의 토기 잔편으로 만든 것으로 지름 2촌 5분, 두께 4분이며 그 둘레는 매우 매끄럽지 않다. 중앙에는 정교하게 뚫린 지름 2분 5리 정도의 구멍이 있다(도판 120-1). 다른 하나는 검푸른색의 벽돌 잔편으로 만든 것으로 지름은 2촌, 두께는 1촌 2분인데 이것 역시 중앙에 지름 3분 정도의 구멍이 있다(도판 120-2). 나머지는 구멍이 없어 미완성 제품으로 생각되는 검푸른색의 얇은 토기편으로 만든 소형이다(도판 120-3~4). 또한 궁전지 등에서 출토된 연꽃잎 무늬가 있는 와당 잔편으로 만든 것도 보인다(도판 120-5). 특히 이 발해 시대의 와당 잔편으로 만든 것은 수혈유지가 동시대 이전으로 소급되는 유적이 아님을 보여 주고 있어 흥미롭다.

16) 골각편 및 조개껍데기

앞에서 언급한 방추차 등 유물 이외에 이 수혈유지에서는 사슴뿔과 뼈조각에 예리한 도구로 새긴 흔적, 또는 일부를 잘라낸 흔적으로 생

---

37 같은 형태의 청동 제품으로 한나라 시기 제작된 것으로 추측되는 것이 京都有憐館에 소장되어 있고, 또한 같은 녹유를 바른 도기 유물이 新海覺雄의 소장품 중에 있다. 이것들은 생식기 숭배에 관한 유물로 보기보다는 오히려 일종의 성인용품(淫具)로 볼 수 있는 것이 아닌가 한다.

각되는 유물 등이 출토되었으나 그 용도는 분명히 하기 어렵다(도판 120-6~9).

또 제5궁전지 동쪽의 초석 근처에서 대합껍데기가 3점이 발견되었고, 상술한 수혈 출토품 중에서는 대합, 피조개 등의 껍데기가 발견되었다(도판 120-10~11). 이러한 것은 어쩌면 열쇠 같이 사용했었는지도 모르겠다.

부언할 만한 것은 제5궁전지 동쪽 및 서쪽의 초석 근처에서도, 바닥면에서도 새와 짐승뼈 잔편이 출토되었다는 것이다. 이 뼈조각들은 닭, 양 등의 가축의 것으로[38] 의식적으로 묻은 것인지는 분명하지 않다. 또한 같은 궁전지 동쪽의 도랑에서 음식물 쓰레기로 생각되는 생선 및 짐승뼈 잔편이 수집된 것에 대해서는 앞에서 서술하였다.

---

38 제5궁전지 초석 부근에서 출토된 뼈조각은 直良信夫의 감정에 의하면, 닭(Gallus domesticus L)의 왼쪽의 상박골, 흉골, 대퇴골과 양(Oris aris)의 좌측 상박골, 우측 전박골, 우측 경골 등이다.

V. 결론

발해는 일찍이 당으로부터 해동성국이라고 불렸으므로, 그 수도였던 상경용천부가 넓은 지역을 차지하고, 건축물도 역시 매우 화려하고 아름다웠다는 것은 미루어 짐작할 수 있다. 그 유적은 발굴 결과 이미 당시에 화재를 당하여 흔적도 남아 있지 않았지만, 내외 두 성은 오늘날에도 유구가 남아 있고, 농작물 사이로 이리저리 뻗어 있는 작은 도로와 둔덕들에 의해 융성했던 시기의 도로를 더듬어 볼 수 있으며, 내성 남쪽으로 펼쳐진 큰 도로에 의해 동서 두 구역으로 나뉘는데, 두 구역 모두 각각 41방으로 구획되어 있는 것이 눈에 선하다. 건축물은 내성 북반부의 궁성에 세로로 늘어선 몇몇 궁전을 시작으로 외성에 점처럼 남아 있는 크고 작은 사찰 등에 녹유 치미·귀면와로 장식된 지붕은 붉은 기둥과 흰 벽과 함께 그 아름다움을 드러내고 있어, 완전히 당 장안성과 일본의 평성경 및 평안경과 함께 동아시아 문화의 정수를 보여주고 있으며, 출토된 유물로서 그 옛 모습을 복원할 수 있다.

발해국이 당과 일본의 나라·평안 시대 및 조선 신라와 함께 같은 불교예술권에 속하므로 서로간의 기교가 서로 통하고 있음은 미루어 생각하기 어렵지 않다. 마에다 코우샤쿠(前田侯爵)家에 소장되어 있는 仁和寺 御室實錄은 무라카미 텐노우(村上天皇) 天曆4년(발해 멸망 후 24년)에 기록된 같은 사찰 재산 목록으로, 그중에 아래와 같은 품목이 열거되어 있다.

渤海金銅香鑪 1具

鑪1柄 沈香柯

白銅火取 1口

銀蓋1枚 小四兩

白銅輪 1基

同箸匕 각1枚

火鏡 1枚

白銅火鏡盤 1枚

이상 納革丸筥 1合 有錦縫立

즉, 금동 병향로 1세트로 발해에서 전해진 것이라는 점은 분명하다. 현재 그 실물을 확인할 수 없는 것이 안타깝지만 그것을 같은 실록에 기록된 다른 柄香鑪 세트와 비교하면, 거의 그 기법에서 차이가 없다는 것을 알 수 있다. 그리고 이번 발굴에서 사찰지를 확인한 곳은 웅장하고 아름다운 석등이 남아 있는 남대묘 이외에 3곳이 있고, 또한 사찰지로 생각되는 곳도 몇 곳에 이른다. 안타깝게도 금당지 이외에 사역 전체에 유구가 남아 있는 것이 없고, 또한 사찰이 어떤 종파에 속하는 것인지를 알 수 있는 실마리도 없지만 기단에 흔적을 남긴 수미단, 여러 보살대좌, 출토된 소조·전조·동조 등 각종 불상의 제작, 기타 벽화장식 등이 일본 나라 시기의 그것과 매우 유사하여, 우리가 품었던 생각을 유감없이 실증한 것에 만족할 따름이다.

일반 공예에 대해서는 『두양잡편』에서 당 무종 회창 원년에 발해에서 공헌된 紫瓷盆이라는 것에 대해 "內外通瑩 其色純紫 厚可寸餘 擧之則若鴻毛 上嘉其光潔"라고 하여 그 도자 제작이 수준급에 이르렀음을 칭찬하고 있다. 유지 발굴 결과 이와 같이 정교한 유물은 발견하지 못하였지만, 중국에서 수입된 것으로 생각되는 당삼채 잔편 이외에 확실히 발해인 스스로 만들었다고 인정할 만한 유약을 바른 도기 잔편도 있고, 용마루를 장식했던 치미와 귀면와와 함께 발해 도자기업의 수준을 얕보기 어려운 것도 있음을 알 수 있다. 또한 제5궁전지 동측에서 발견된 장식품처럼 그 수법이 일본 나라 시대의 유물과 매우 유사한 것도 있어서 그 문화적 연관성이 있음을 인정할 수 있다.

당시 아시아의 상황으로 보면, 당의 문화가 발해 문화에 영향을 주고 있었음은 당연하다. 도성제를 시작으로 유형·무형에서 그것을 확인할 수 있는데, 바닥에 까는 벽돌에 표현되어 있는 보상화·인동문처럼, 또한 문 모퉁이 장식에서 보이는 녹당초문처럼, 한번 그것을 보면 느낄 수 있다. 그러나 발해의 지배층이 모두 고구려 출신이었다는 것에서 고구려 문화가 영향을 미쳤다는 것도 짐작할 수 있다. 궁전과 사찰지의 처마 끝에 장식했던 와당의 연화문처럼 당나라 시기 중국의 그것보다도 오히려 고구려에서 그 계통을 찾아야 할 만한 것도 있다. 또 발해의 일반 백성을 말갈인이므로 발해국의 습속에 고유한 색채를 띠고 있는 것이 있음에 틀림없다. 삼령둔고분에서 건축물이 있었다는 흔적을 확인한 것은 아마도 『위서』 「물길전」에 "父母春夏死 立埋之 冢上作屋 不令雨濕"이라고 한 것과 관련이 있는지도 모른다. 그리고 현재 동경성 주위에 있는 비적단을 막기 위해 만든 참호에 드러나 있는 수혈식 유지는 어쩌면 『위서』 「물길전」에서 보이는 "其地下濕 築城穴居 屋形似冢 開口於上 以梯出入"이라고 한 풍습의 흔적으로 생각하지 못할 것도 없다.

발해국에서 일본 및 당에 보낸 국서와 발해국의 사절들이 남긴 시조 등으로 보면, 이 나라가 한자·한문을 사용하였다는 것은 확실하지만 안타깝게도 상경 유지에서는 어떠한 비문도 남아 있지 않고, 겨우 와전에 새겨져 있거나 찍혀 있는 문자를 확인할 수 있는데 불과하다. 새기거나 찍혀 있는 것들 중에는 판독할 수 있는 것이 없진 않지만 대체로는 한자로 해석할 만한 것에서 고유 또는 창작한 문자가 있었을 것이라고 생각되지는 않는다.

발해국과 일본과의 교류는 나라 시대와 평안 시대에 걸쳐 빈번하게 왕래하였고, 발해국의 사절의 방문에는 반드시 방물을 바쳤고 일본 조정에서는 매번 그것에 응해서 거액을 사여하였다. 또한 공적인 교류 이외에 사적인 교역이 이루어졌다는 것도 일본 역사서에 분명하게 기술되어 있어서 일본의 물자가 발해국으로 전해진 양이 결코 적지 않았다. 최근의 발굴 과정에서, 제5궁전지에서 일본 나라 시대의 동전인 화동개진이 출토된 것은 당연한 일로 조사자들을 가장 감동시켰던 일이다.

이미 서술한 바와 같이, 발해국은 저들 스스로 남긴 기록이 없고 그 역사적 사실들은 가령 외교 분야에 국한하여 말하면 일본 사료 중에 풍부하게 포함되어 있으며, 만주 땅을 근거로 했던 유일한 독립국가이자 당나라로부터 해동성국으로 불렸던 발해 왕국이 일본 국사에 의해 처음으로 그 진정한 모습을 엿볼 수 있었다는 것은 언제나 자랑으로 삼을 만한 것이며, 이번 발굴 역시 일본 학자에 의해 이루어지고 그 문화가 구체적으로 증명된 것은 그 의의가 진실로 깊고 큼을 알 수 있다.

하라타 요시토(原田淑人)

쿄마이 카즈치카(駒井和愛)

동경성 발굴 보고

부
록

동경성유적조사
간보(러시아어)

동경성 보고서
러시아어 조사 초록

1. 북만주 지역의 고고학적 가능성

만주 북쪽 지역은 남쪽 지역처럼 오랫동안 사람들이 정착하여 살고 있었다. 하얼빈에 인접한 孤山屯(Кусян-тун)에서 가공된 골각기가 출토되어 해당 지역 구석기문화 시기에 대한 가능성을 제시하였다. 신석기시대 문화의 편린들도 만주 북쪽 지역에서 다수 확인되었으며, 역사시대의 여러 유적들도 곳곳에서 확인되었다.

만주 북쪽 지역은 1500년 이전으로 소급되는 풍부한 역사를 지니고 있다. 발해·아이신(愛新)·금·거란(요)과 같은 나라들이 다른 나라들로 교체되어 이곳에 도시를 건설했는데, 이러한 흔적들은 현재까지도 남아 있다. 러시아 고고학자들은 이러한 조사를 하기에는 최근의 상황이 좋지 못했지만, 그들만의 힘으로 해당 유적들을 조사하고자 노력했다.

1931년에 이르러서야 비로소 상황이 호전되었다. 그 이전에는 만주 북쪽에 대한 모든 학술 활동은 만주조사연구소(당시에는 '동방지구조사연구소'로 불렀다)에 집중되어 있었다. 이 연구소는 닌구타(Нингут)를 주도(州都)로 하는 북만주 동쪽 지역에서 조사 장비를 포함한 일련의 연구 사업을 수행하였다.

2. 조사 단원 구성과 조사 경로

연구소에서는 다양한 과제를 조사했다. 조사 단원으로는 필자와 학술지도교수 3. 3. Анерта 이외에 중국측 Инь 박사가 포함되었다. 지질학자(Анертъ 교수, Тюшевъ 기사), 동식물학자(Лукашкинъ, Фирсовъ), 고인종학자로는 필자인 В.В. Поносовъ가 주축이 되었다.

젊은 조사원들과 조사 장비의 측면에서는 여건이 충분하지 못했는데, 이것은 상대적으로 조사 방법과 범위가 매우 제한적이었음을 설명한다. 이러한 이유로 조사 기간은 1달 반에 그쳤다. 이러한 모든 점들은 당연히 조사 결과에도 영향을 미쳤고, 특히 고인종학 조사단의 심도 있는 발굴 조사를 수행할 수 없게 하였을 뿐만 아니라 좋은 평면도도 작성하지 못하였다. 이러한 부분은 당연히 아쉬움이 남는 대목이다.

조사는 1931년 9월 10일부터 10월 25까지 이루어졌다. 닝구타 지역 대부분과 물린 지역을 조사했다. 하지만, 고인종학 조사단은 마지막 조사 지역을 방문하지 않았으며, 조사 단원들은 독립적으로 작업을 수행하여 서로 간에 만나는 일은 거의 없었다.

조사는 이러한 방식으로 이루어져 중국 동청 철도에서 닝구타와 동경성을 거쳐 경박호(Цзинбуку)까지 이르렀다. 배로 가장 남쪽 지역인 난후툰(南湖屯)에 이르렀고 서쪽 호수와 산맥을 넘어 오르드잔(비르한) 마을을 거쳐 하얼빈으로 가기 위해 하이린(중국 동부철도) 역에 도착했다.

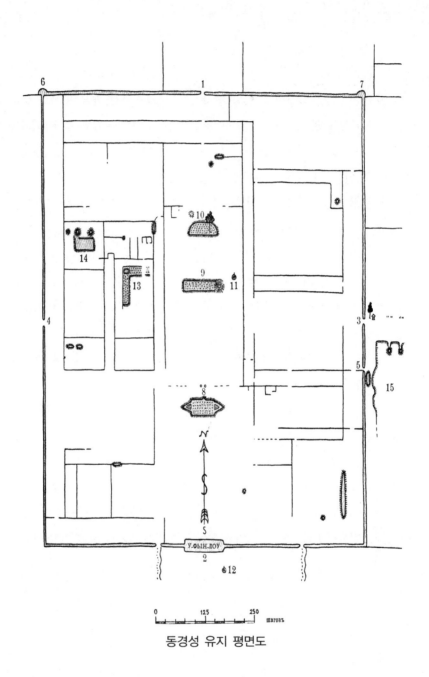

동경성 유지 평면도

3. 동경성 유적의 상태와 전반적 기술

고인종학 조사단의 결과들과 현재의 모든 연구 성과들과는 별개로, 필자는 고대 동경성 유적에 대한 지표 조사에 대해 상세히 기술하고자 한다. 오늘날의 동경성은 고대 유적 범위에 속한다. 해당 유적은 닌구타 시에서 남쪽으로 70리 떨어져 있으며, 우측에는 목단강(후르하)이 위치한다.

고대 도시의 성벽은 아직까지 잘 남아 있다. 발굴 조사단의 측량 결과 동경성은 방형으로 이루어져 있으며, 동서남북 방향을 향하고 있다. 서벽과 남벽은 약 6리(4,500걸음), 남벽은 8리(6,300걸음)이다. 북벽은 약간 더 커서, 중심까지 약 2,350걸음이다. 북벽은 서쪽 모서리로부터 북쪽으로 약 270걸음 돌출되어 있고, 동쪽으로 방향이 바뀌어 어느 정도 지나면, 다시 두 모서리를 통해 남쪽과 이전 방향으로 틀어 동쪽으로 뻗어있다. 즉, 성의 외벽 전체는 약 29리(중국측 기록에는 30리)정도로 16km에 이른다.

문지는 남쪽에 3개, 북쪽과 서쪽 그리고 동쪽에 각각 2개씩 10개 이상 있었던 것으로 생각된다. 이 밖에도 성벽에서 다수의 균열이 확인되는데, 그중 몇 곳은 성벽으로서 역할을 한 것으로 볼 수 있지만, 후대에 파괴된 흔적일 수도 있다. 중앙 문지는 북벽에 위치했던 것으로 생각된다. 이 문지들은 남쪽·서쪽과 마찬가지로 모두 뚜렷하다. 북벽에 있는 문지 두 곳과 동쪽에 있는 문지는 보존상태가 좋지 못하며 후대에 생긴 성벽 균열들과 크게 다르지 않다.

남벽 문지는 북벽 맞은편에 있다. 이 성벽들은 4개의 구역으로 나눌 수 있다. 그중 3구역은 완전히 동일하나 네 번째(동쪽 편 구석)구역은 약간 더 크다. 서쪽과 동쪽 문지도 서로 마주하고 있지만, 크기가 일정하지 않은 3구역으로 구분된다. 이러한 외벽들은 (다성으로 불림) 거의 모두 흙으로 다져 쌓았으며, 잔존 높이는 18피트, 기초부 너비는 40피트에 달하나, 이전에는 성벽 주위와 위쪽에 깨진 돌(용암석과 현무암이 다수를 차지)을 쌓아 감쌌을 것으로 생각된다. 석렬은 북벽에 간헐적으로 남아 있다.

성벽 맞은편은 예전에는 넓었겠지만, 현재는 흙이 무너져 내렸다. 해자 흔적은 북벽 거의 모든 구역에서 확인되며, 동벽과 남벽에서도 일부 확인된다. 해자에는 물이 차 있었을 것으로 생각되며, 도시 남서쪽 모서리에 있는 도랑(배수로일 수도?)으로 이어진다. 아마, 도성에서부터 성벽을 따라 남동쪽 모서리 방향으로 작은 하천이 흘러서 해자에 물이 채워졌을 것으로 보인다.

남문지 모두와 서문지 한 곳에 문지 앞에 설치됐던 치(雉)가 남아 있지만, 현존하는 형태로서는 확실하게 알기 어렵다. 두 번째 서문지는 현재 성벽의 비탈면보다 높으며, 돌로 덮여 있다. 이것은 문지 위에 있던 치가 무너져 생긴 현상으로 추정된다. 바닥 주변에 많은 양의 녹색 기와들과 그릇 뚜껑들이 흩어져 있다. 내성 궁전지 남쪽 모서리까지 도로가 이어지고 있는 점으로 볼 때, 이 문지는 정문(正門)이었을 것으로 추정된다. 하지만 중앙의 정문은 북쪽 중앙부터 위치하였던 것으로 파악된다. 북편 중앙으로부터 중앙 건물지까지 도로가 이어진다. 이들과 궁전지 사이에 있는 넓은 회랑은 낮은 벽으로 둘러싸여 있다. 문지 양쪽 측면에는 이전에 화려한 지붕들이 있었던 것으로 보이는데, 각각 4개(총 8개)의 육면체 기둥 초석들이 남아 있다. 앞서 언급한 것처럼, 이 문지들은 통해 '자금성'이라 불리는 문지까지 도로가 직선으로 뻗어 있으며, 이곳은 도성의 외성벽 내부이자 황성의 남쪽 지역이다.

'자금성'은 전체 도성의 북쪽 지역에 위치하고 있다. 이곳은 지대가 높고 성 북벽은 북쪽으로 튀어나와 있는데, 이것은 통치 집단의 주거 구역을 견고하게 방어하기 위함이다. 이렇게 내성들도 벽으로 둘러싸여 있지만, '다성'의 벽보다는 훨씬 낮고 폭도 좁다. 현재는 성벽들이 무너져 내려 사방에 돌들이 흩어져 있다. 하지만, 성벽 전체가 이렇게 돌로 쌓여 있었는지, 그 주변만 덮고 있었는지는 조사하지 못했다.

평면상 성벽들은 장방형을 이룬다. 북벽과 남벽 길이는 약 1리(800걸음)이고, 서벽과 동벽은 이보다 약간 더 길다(850걸음). 이 성벽에서 총 4개의 문지가 확인되었다. 문지는 각 성벽 중간에 있으며 각각 남북향이다. 게다가, 북벽과 남벽의 중앙 문지는 외성벽(다성) 방향과 동일 선상에 위치한다. 이러한 문지들 외에도 5번째 문지가 동벽에서 확인되었다(평면도 5번). 하지만, 이것은 후대의 파괴에 의해 생긴 흔적일 가능성이 있는데, 이러한 문지들은 매우 많다. 이와 같은 성벽 사이에서 확인되는 몇몇 균열들은 현대에 닦은 도로까지 이어진다. 자금성 북동, 북서 모서리에는 치가 존재한다(평면도 6, 7번). 북문지는 최근의 발굴조사로 훼손되어, 어떠한 형태를 띠고 있었는지 판단하기 어렵다. 하지만, 남쪽 구역에서 몇몇 특이한 점들이 관찰되었다. 해당 문지(현재 동경성 주민들은 "右便路"라고 부름)는 "자금성"의 성벽에 있다. 즉, 해당 구역으로 이어지는 계단 시설 또는 다리가 있었을 것이다. 확실한 것은 이러한 문지들이 정연한 형태를 띠고 있고, 기둥을 세웠던 초석들 역시 잘 남아 있다는 점이다. 초석들은 4열 또는 5열로 이루어져 있는데, 이는 커다란 시설물이 존재했을 가능성을 보여준다(평면도 2번). 하지만, 안타깝게도 해당 구역에는 현대에 지은 사찰이 남아 있다.

"자금성" 내부에서는 궁전지와 대충 다듬은 돌로 쌓은 벽들이 확인된다. 궁전지 사이에는 긴 도로 유구가 확인되는데, 그 너비는 25~30걸음 정도이다.

이러한 구조물들의 평면상의 위치는 현재의 베이징市에 있는 자금성 구조와 몇 가지 유사성을 보인다. 동경성의 자금성은 서쪽, 동쪽, 중앙 3구역으로 나뉜다. 중앙부는 건축을 비교적 적지만, 대규모 행사를 위한 공간으로 활용되었던 것으로 보인다. 이곳에는 문지가 맞은편(자금성의 남벽내 右便路)의 그것과 서로 멀리 떨어져 있고, 커다란 건물지 3곳과 장방형의 둔덕들이 기둥 초석들과 함께 열지어 나타난다(평면도 8, 9, 10번 참조. 세부 내용은 추후 기술). 남쪽의 건물지를 현재 농민들은 "금란전"으로 부른다.

"자금성" 서쪽과 동쪽 구역은 도로에 의해 구분된다. 이곳에서도 커다란 건물지 흔적과 초석들이 확인되었다. 하지만, 이것들은 중앙 구역과는 달리 웅장해 보이지는 않는다. 해당 건물지에 대한 상세한 내용은 조사 기술 작업에서 언급하도록 하겠다. 한 가지 흥미로운 점은 자금성의 서문지(평면도 4번)로 부속 시설이 성벽 안에 축조되어 있다는 점이다. 그리고 자금성 구역은 평면상 중앙에 있으며, 대형 건물지 중심에서 약간 동쪽으로 치우쳐 있다. 이곳에서는 커다란 돌과 판석으로 축조된 우물이 확인되었다(평면도 11번). 또한, 이러한 우물은 도성 남동쪽 구역에서도 확인되었는데, 자금성 외곽, 右便路 문지 주변에 있다(평면도 12번).

자금성 전체 기술에 대한 결론부에서는 모든 내부 구조물들과 궁전지들이 성벽과 바짝붙어 서로 이어져 있지 않았다는 점을 언급하고자 한다. 또한, 해당 시설들은 현대의 긴 도로(50걸음)에 의해 나뉘며, 문지가 확인되는 성벽으로 둘러싸여 있다(평면도 참조).

자금성 북벽과 외성(다성) 사이의 모든 공간들은 성벽으로 둘러싸여 있다. 또한 해당 성벽의 바깥과 안쪽 역시 이러한 공간들로 둘러싸여 있으며 자금성의 북문지와 외성의 북문지 사이에 위치한다.

경지 역시 동쪽에서 자금성과 이어져 있는데, 궁전지의 성 밖 정원 시설로 추정된다. 이에 대한 자세한 내용들은 추후에 다룬다.

현대의 도시는 고대 유적의 일부만을 차지하고 있다. 모든 구조물과 현대의 도시는 주민들에 의해 다듬어진 돌들로 축조되었다. 이렇게 우리의 눈에는 고대 문화의 마지막 흔적들이 사라져 간다.

4. 동경성에 대한 몇몇 러시아 문헌 내용

조사단의 조사 내용 서술에 앞서, 러시아 문헌에 알려진 동경성 관련 내용들을 약간 언급하고자 한다. 중국, 일본 문헌기록들은 러시아의 연구자들에게 잘 알려져 있지 않았다. 서유럽 문헌 기록에서도 동경성 유적에 관심을 두고 작성한 논문은 본인이 아는 한 알려진 것이 없다.

고대의 저명한 러시아 문헌 기록 중에서 동경성에 대해 언급하고 있는 것은, 이오아킨파(비추린) 수도승의 기록이다. 이것은 "중국 왕조의 정적 기술"이라는 이름으로도 불리는데 반세기 전에 발행되었다. 이 기록에서는 동경성에 대해 유적 규모는 30리이며, 금나라 수도인 상경(회녕부)의 흔적들이 이곳에 남아 있다고 아주 짧게 서술하였다.

바실리에프 교수는 반세기 전에 발행된 "만주 기술"이라는 논문에서 동경성 유적에 대해 언급하고, 과거 제시된 견해에 대해 단호하게 반박하고 있다. 바실리에프 교수의 견해에 따르면, (상경)회녕부는 현재의 알추카(아성) 주변에 있고, 동경성 유적은 발해의 잔해(발해 상경)로 파악하고 있다. 이들은 해당 내용을 송나라 사신이 금나라 태종에게로 갔던 여행 기록에 근거하고 있다.

그 후, 러시아 고고학자들의 견해는 이러한 두 가지 주요 견해들로 나뉘었는데, 분명하고 자세한 연구와 발굴 조사만이 다른 측면의 주장들을 제시할 수 있을 것이다.

200년 전 청나라 강희제 시기 '우성'이라는 유배인이 작성한 기록에서 흥미로운 내용들이 확인된다(닌구타 주의 기록물 참조). 우성은 해당 유적을 금나라의 수도로 보았는데 당시로서는 매우 흥미로운 내용이었다. 해당 내용에는 궁전지의 도로에서(아쉽게도 어디인지는 알려지지 않음) 일반적으로 금나라 시기로 판단되는 "천호"라는 연대가 기록된 유적이 있었다는 사실이 보인다.

동경성의 현재 주민들에게는 동경성에 대한 어떠한 이야기도 남아 있지 않다. 이들은 모두 후대에 이주한 사람들이고 대다수가 중국계 혈통이다. 이들은 동경성을 자신의 것으로 생각지 않고 있으며, "한국계(한국인)"라 부르기도 한다.

5. 고인류학 발굴 조사단의 조사 초고

고인류학 발굴 조사단은 1931년 9월 15일에 해당 유적을 방문하여 12일간 조사했다. 조사의 주요 목적은 목측(目測)과 측보법(測步法)으로 대략적인 평면도를 작성하는 것이었다. 평면도는 매우 단순하게 작성되었으므로, 이후 검증과 수정 작업이 이루어져야 함은 당연하다.

9월 20일 내성(자금성) 북서 구역에 1번 시굴갱을 설치하였다. 시굴갱은 건물지 흔적들이 남아 있는 중간에 설치되었다. 현재 남쪽과 북쪽 끝 모서리에 이랑과 고랑의 형태로 약간 돌출되어 있다.

이랑은 농민들에 의해 심하게 파헤쳐져 있었다. 하지만, 곳곳에 기둥을 세우기 위한 석제 초석들이 남아 있는데, 4줄로 열을 지어 배치되었던 것으로 보인다. 초석들 사이의 거리는 7피트 정도로 판단된다. 모서리에서는 일련의 돌무더기가 있는데, 현재 완전 발굴 조사되었으며, 수혈 벽면에는 다수의 동물 뼈가 유입된 흔적이 보인다.

시굴갱은 이 수혈의 끝 부분에 설치되었다. 방향은 동쪽이며 길이는 21피트이다. 서쪽으로 약간 기울어져 있다. 이곳에서 약간 떨어진 서쪽 끝에서는 석제 판석 또는 초석 횡단면이 발견되었다. 출토 유물들에 의해 이곳에 문양이 있는 벽돌로 장식된 건물이 있었고, 간혹 유약을 바른 기와들로 지붕이 덮여 있었을 것이라는 점이 확인되었다. 건물의 지붕마루는 녹색 유약을 발랐을 것으로 추정된다. 나머지 유물들은 토기를 제외하면 확인된 것이 없다.

다음날, 2번 시굴갱을 자금성 중앙에 설치하였다. 현재의 건물지 높이는 높지 않으며(약 5피트), 긴 둔덕은 동쪽에서 마무리 된다. 높이는 14피트로 약간 높다.

전체 둔덕은 4줄의 초석들로 이어지는데, 대다수는 원래 위치에서 옮겨졌다. 사실상 모든 건물지는 농민들로 인해 완전하게 훼손되었다.

시굴갱은 건물지 동쪽 끝, 둔덕의 높은 모서리에 설치되었다. 발굴 조사를 통해 건물이 회색과 녹색의 기와들로 덮여 있었고, 모서리마다 문양이 있는 벽돌이 장식되어 있었다는 점이 확인되었다. 또한 약간의 흰색 대리석 잔편들이 확인되었다. 건물 끝쪽 높은 언덕에는 대충 다듬은 현무암이 있었다. 회색과 장유색 유약을 바른 토기편들이 출토되었는데, 아마 "왕위의 공간"이었던 것으로 보인다. 건물지 끝쪽 높은 둔덕의 성격은 아직까지 해결되지 않은 문제로 남아 있다.

현재 건물에는 5~6피트 높이의 초석들이 열지어 있음이 확인된다. 둔덕의 동쪽 끝은 심하게 훼손되어 어떠한 흔적도 남아 있지 않다. 남쪽과 서쪽 끝에도 시굴갱이 설치되었는데, 일반적인 수혈과 돌이 확인되었고 이들은 서로 반대 방향으로 발견되었다. 하지만, 이러한 양상은 고대 구조물에서는 있을 수 없는 현상이다. 이러한 시굴갱의 조사 결과는 필자에게는 처음 있는 경우로 한 가지 견해만을 제시할 수 있을 뿐이다.

건물은 회녹색 기와들로 반원형의 지붕을 이루고 있었을 것이므로 많은 양의 유물 수습이 가능했다. 지붕 아래에도 어떠한 장식이 있었을 것이며 바닥은 벽돌로 덮여 있었을 것이다.

시굴갱은 북쪽과 남쪽에 설치되었는데 북쪽보다는 남쪽이 약 32피트 정도 높다. 남쪽 끝 시굴갱으로부터 서쪽으로 약간 기울어져 있다. 시굴갱 단면은 일반적이다. 표토층 아래에 기와층이 있는데, 10인치, 5인치이다. 무너져 내린 건축물 층은 8인치이다. 다진 점토층 아래에서는 석렬이 확인되었다. 시굴갱 중앙에서는 장방형의 다듬은 돌이 출토되었고, 초석 북쪽 구역에서는 일반적이지 않는 형태의 돌들이 확인되었다.

북쪽으로부터 주요 건물(현재 둔덕)지 중앙에서는 계단 시설이 확인되었다. 정 반대편 남쪽과 왼쪽에는 계단 시설이 남아 있지 않다.

4번 시굴갱 역시 자금성의 북서 구역에 설치되었다. 현재의 건물지 형태는 서쪽과 동쪽으로 뻗어 있는 장방형 형태이나 초석은 확인되지 않았다. 건물지 앞 북쪽에는 7~8피트 높이의 둔덕이 있다. 시굴갱은 23피트 길이로 북쪽에서 남쪽으로 설치되었고, 남쪽 끝에서 동쪽과 비슷한 간격으로 선회한다. 시굴갱을 통해 확인한 결과, 건물에는 기둥이 없었고, 대형의 기와들로 지붕을 얹었다. 그 문양은 다른 시굴갱에서 조사된 것들과 같으며, 약간의 토기도 출토되었다. 남쪽 구역에서는 비교적 두껍고 큰 판석이 출토되었는데, 대다수가 동일 선상에 위치하지만 일부는 1~2인치 정도 높다. 판석 아래에서는 목재가 심하게 부패된 인골이 출토되었다. 인골은 등이 곧게 뻗어 있고, 머리는 서쪽을 향하고 있었다. 속은 둥글고 구리빛을 띠며 비어 있었다. 또한, 납땜한 흔적의 단추와 사각형의 청동 제품, 편평한 빗장 몇 점이 함께 출토되었다. 즉, 이 구역은 어느 정도의 훼손이 있었는데, 이 무덤을 후대의 것이 아니라고 바로 언급하는 어려운 견해일까? 인골 주변에서 2~3점의 토기편과 다수의 동물 뼈가 확인되었는데, 장례 의식과 관련이 있는 것으로 추정된다.

5번과 6번 시굴갱은 자금성 내에 설치되었고, 그 뒤 오른쪽에는 동벽이 위치한다. 동경성 유적 전체 기술과 관련해 이미 언급한 것처럼 (평면도 15번) 이곳의 내성벽에는 벽으로 둘러싸인 공간이 인접해 있다. 이곳 중앙에서 대형 구덩이가 확인되었는데, 바닥면은 커다란 강돌들로 덮여 있어 인공 연못으로 추정할 수 있다. 북쪽 구역의 동쪽과 서쪽 연안에는 2개의 언덕이 있는데, 서로 마주한다. 북쪽 연안의 "연못" 주변에도 2기의 둔덕이 있다. 하지만, "연못" 바닥은 당시에 물이 채워져 있거나 섬이었던 것으로 생각된다. 연안과 연못 사이에서는 작은 둑이 확인되는데 다리 흔적으로 추정된다. 연못 북쪽에서는 두 줄의 초석이 확인되며 서쪽에서 동쪽으로 뻗어 있다. 하지만, 연못과 초석은 서로 관련이 없어 보인다.

북쪽에서는 4기와 6기의 초석이 각각 확인됐는데 6각형의 형태를 띤다. 두 초석 사이에는 출입 시설이 남아 있다. 이것은 극동지역에서 일반적인 형태로 작은 문지가 있었던 곳으로 판단된다.

5번 시굴갱은 서쪽 강변에 위치한 '둑'의 둔덕 위에 부지를 설치했다. 기준 시굴갱 면적과 비교해 일반적이지만, 그 어떤 분명한 건축층과 전형적인 유물들은 거의 발견되지 않았다. 따라서, 해당 시굴 조사는 곧 보류되었다.

6번 시굴갱 역시 북쪽 강변 인근의 '작은 섬', 즉 동부에 있다. 시굴갱은 49피트로 길며, 언덕 단면의 끝 부분에 위치한 시굴갱을 위쪽부터 가장 아래 기저부까지 굴착했다. 하지만, 그 깊이는 그리 깊지 않다.

시굴갱 조사를 통해 알 수 있는 점은 다음과 같다. 상부 언덕은 규모가 크지 않았고, 8각형의 낮은 건축물로 화려한 녹유기와가 올려져 있었다. 지붕 꼭대기에는 틀을 이용해 제작한 소조 지붕 장식이 있으며, 녹유와 황유가 발라져 있었다. 지붕 장식의 기본 모티브는 연화문이다. 이전에는 긴 삼각판을 이어 붙인 재밌는 기와도 있었다(이는 중국 건축에서 사용되는 일반적인 형태는 아니다). 불에 타 썩어버린 나무 널 잔재도 발견되었는데, 여기에서 발견되는 벽돌의 수량이 매우 적기 때문에 지붕과 마루를 덮었을 가능성이 있다.

7번 시굴갱은 자금성 중부의 남쪽 구역에서 대형 건물지(-현재 'Цзинь-лан- дань-자미원(紫微垣)으로 불림, 평면도 8번)가 드러났다. 시굴갱을 통해 확인되는 점은, 장방형 건물(동쪽에서 서쪽으로)이 높은 대(臺) 위에 있고 초석열(기둥열)은 5줄이 남아 있으며, 또한 기와 지붕은 녹색을 띤 일부분을 제외하고 대부분 청색을 띠는 기와로 덮었으며, 유약을 바른 조상(彫像)으로 장식을 했을 것이다. 또한 건축물 북측 중앙에는 테라스 형태로 올라가는 단을 따라 계단이 있었던 것으로 추측된다. 현재 원형으로 남아 있는 어떤 구조물은 건물의 동편과 서편으로 증축되었는데, 이 또한 계단으로 생각된다.

도성에 대한 조사는 마무리되었다. 그러나 동경성 부근에 위치한 지역에 관해서는 그 관련성에 대해 의심의 여지가 없으므로 언급하지 않을 수 없다. 필자는 동경성에서 북쪽으로 6~7km 떨어져 있어서, 목단강의 강기슭 맞은편에 위치한 도굴분으로 보고 있다. 이 무덤은 삼령둔에 위치하고 있다. 50년 전에 도굴된 것으로 전해지고 있는데, 그 사람들 중 일부는 베이징에서 온 인물로 전해지고 있다. 이를 금나라의 어떤 왕조 대의 것이라고도 한다. 그러나 그 신뢰성은 담보할 수 없다.

무덤은 커다란 장방형 석재로 천정을 둥글게 만들었던 것으로 생각된. 천장의 공간은 대들보를 덧대어 만들었다. 북쪽에서 남쪽으로의 방향성을 갖는 무덤은 남쪽 방향으로 무덤길이 나 있었던 것으로 생각된다. 아마 두향은 입구를 향했을 것이다.

그러나 현재 묘실에는 그 어떤 것도 안치되어 있지 않았으며, 무덤길은 무너진 천장으로 막혀 있었다. 묘실에서 약간 떨어진 무덤길은 이전에 나무로 막혀 있었던 것으로 보이는데, 이는 석회 잔존물과 천장의 부식을 증명하는 것이라 하겠다.

아마도 과거에는 무덤 윗면에 봉분이 있었을 것이나, 현재 층위에서는 확인할 수 없다. 무덤 도굴 당시에 굴착되어 없어졌을 것이다. 석재 기단과 다른 잔존 유물들은 동경성의 경우와 매우 흡사하다.

비록 무덤이 도굴되기는 하였으나, 향후에 정리 조사할 가치가 있다. 본 조사단의 조사 외에 동경성 인근 지역 몇 곳에 대한 시찰이 이루어진 바 있으나, 주요 유적들간의 관련성은 명확하지 않다.

6. 동경성 유적 출토 유물

동경성에서 수습하여, 하얼빈의 연구소 박물관으로 옮겨온 다양한 유물들은 다음과 같다.

1) 전돌

다양한 종류의 벽돌로 주로 4가지로 분류할 수 있다.

(A) 대형의 유형. 방형에 회색으로, 규모는 13x13x2인치로 건물 바닥에 깔았던 것이다.

(B) 장방형의 유형. 소성상태 우수하며, 짙은 회색이다. 이 유형의 벽돌들은 3번 시굴갱 계단 부분에서 발견되었다. 17x6x2인치로 추정되며 해당 벽돌을 뉘여 쌓아서 단을 형성했을 것이다.

(C) 일반 크기의 유형. 회색이며 규모는 11x5x2인치 이다.

(D) 소형 크기의 유형, 회색으로 잘 알려지지 않은 곳에서 발견되었다. 규모는 ?x?x1.25인치이다.

2) 전돌

해당 유물은 1번, 2번 시굴갱에서 발견되었다. 회색과 녹색(유약 시유)를 띤다. ?x?x2.5인치.

모티브는 중앙에 연꽃무늬를 배치하고, 각 모서리에 꽃다발과 나뭇잎을 장식하였다. 아마 벽면을 장식했을 것으로 생각된다.

3) 지붕 기와

매우 다양한 유형들이 있다. 회색과 녹색(유약 시유)을 띤다. 크기는 17x17인치이다. 암키와는 바깥면을 따라 2줄(간혹 그 이상)의 선으로 가장자리를 장식했다. 다른 것들은 단순하게 손으로 눌러서 무늬를 넣었다. 대부분 회색으로 유약을 바르지 않은 암키와이다. 수키와 또한 크기가 다양하다. 녹색과 회색이며, 가장자리를 따라 하나씩 도드라진 장식이 있다. 6번 시굴갱에서는 착고기와가 출토되었다. 표면에는 녹색 유약이 발라져 있다. 이러한 기와는 만주 북부에서 필자에 의해 처음으로 확인된 것이다.

4) 목재

나무로 만들어진 몇몇 건물들이 있다. 6번 시굴갱에서 판자가 갈라진 채 발견되었다.

5) 석회

건물의 표면은 회칠했다(내부로 추정). 거의 모든 시굴갱에서 확인된다. 형태는 주로 흰색에 검정색을 칠한 것으로 드러났다. 4번 시굴갱에서는 붉은 안료 흔적이 확인되었다(6번 시굴갱 주변). '둑' 부분으로 추정되는 곳에서는 붉은 진흙으로 만들어진 곳이 있다. 이곳에서는 부분적으로 대충 회를 바른 흔적 발견되었다(예전에는 푸른색이었을 것으로 추정). 반대편에는 회칠한 '나무판' 흔적이 남아있다. 농민이 이 석고상을 발견했는데, 가치가 있다고 판단했다.

6) 시유 장식품

여러 개의 소형 잔편으로 나뉘어져 있어서, 어떤 성격의 장식품인지 추측하기 어렵다. 아마도 지붕 장식의 일부로 생각된다. 주요 모티브는 식물이며, 신화 속 동물도 장식되어 있다. 토제이며 지름은 1인치이다. 반구형으로 유약을 발랐다. 지붕 중앙 위쪽에 설치했던 것으로 생각된다. 그래서 6번 시굴갱의 건물 상부를 장식한 것으로 보고 있다. 이것은 커다란 연꽃에 황록색의 유약을 바른 것이다.

7) 압인와

일반적인 기와는 회색을(군데군데 붉은색 소성이) 띠고 있다. 이러한 기와들은 약 100점이 발견되었다. 모두 방형으로 도드라져 있었으며, 각 기와마다 한 글자씩 한자가 찍혀 있었다. 인장은 일반적으로 미구 아랫부분, 즉 잘 보이지 않는 곳에 있다. 그래서 해당 인장이 장식이 아니라, 표식이라고 보기도 한다. 표식은 대다수가 한자로 알 수 있는 것이나 그중 몇몇은 현대 한문 사전에서 찾을 수 없는 것도 있다.

8) 회색 토기

일반적인 토기는 몇 점만 수습되었는데, 남아 있는 부분도 매우 적어 기벽 일부로 추측된다. 오직 2번 시굴갱에서 발견된 것만이 완(碗)의 일부로서 복원할 수 있다. 회색 토기의 대부분은 그 두께가 서로 다르며, 후대 민족들이 사용했던 유형이다. 이들 접시에서는 현대 중국 것과는 다른(구분되는) 몇 가지 형태를 확인할 수 있는데, 형태상으로 고대 몽골식 찻잔과 매우 비슷하다. 부분적으로 연한 백색 유약이 발라진 회색 토기도 있었다. 이 토기는 일반적으로 기벽이 더 두꺼운데, 윤을 내기 위한 것인지 마연한 흔적이 확인되었다.

9) 붉은 토기

2번 시굴갱에서 수습한 것으로 언급한 토기들을 제외하고는 그 주변의 경작지에서 윗면에 붉은 유약을 바른 토기편이 발견되었다. 손으로 빚은, 장식이 거친 투박한 토기이다.

10) 접합 토기

2번 시굴갱에서 수습된 전형적인 회색 토기편 2점은 매우 흥미롭다. 그것은 크지 않은 철제 꺽쇠로 보수된 흔적이 남아 있는데, 이는 현재 중국과 만주에서 실제로 사용되고 있는 방법이다.

11) 소조상

한 농민이 연꽃 위에 서 있는 보살과 아미타불좌상으로 보이는 2/10 이상 유약을 시유한 불상을 발견했다. 조각상은 모두 공통된 양식으로 채색층은 떨어져 나갔다(붉은색 유약은 남아 있다). 그러나 수습된 불상의 머리가 불상의 몸체와 맞지 않았는데, 이러한 현상은 토층 아래로 압력이 가해진 단층 틈을 통해 우연히 유입되었기 때문이라고 생각한다. 이들이 발견된 정황에서는 아무것도 수습할 수 없었다. 그래서 이들과 불상의 머리 부분이 없어진 이유에 관한 것도 마찬가지로 추측할 수 있다. 이들은 매장 의례와 관련되었을 수도 있다.

12) 못 1점과 그와 유사한 철제품

못은 여러 점이 수습되었는데, 거의 모든 시굴갱에서 출토되었다. 포크형, 철제 사면체형, 단조형이 있다. 위쪽 표면은 압연(壓延)되어 있고, 걸쇠를 구부려 놓았다. 보존 상태는 모두 다르다. 한편 4번 시굴갱에서 수습된 파손된 못은 상부 끝 부분이 동(銅)제이고 사면체이며 가볍게 단조했다. 잠금 장치는 뾰족하지 않으며(뭉툭하며), 유물명을 아직 확실하게 단정지을 수 없다. 이들은 관(棺) 뚜껑을 덮을 때 사용했을 가능성이 있다. 왜냐하면 소년의 유골과 나란히 발견되었기 때문이다.

13) 철제 투구

철제투구는 농민(일반인)에게 사들인 것으로, 궁성에서 수습한 것이라고 한다. 철제투구는 쐐기로 연결된 4개의 얇은 판으로 만들어졌다. 특히 가늘고 긴 철 띠가 둘러져 있는데, 그 테두리를 따라 화염무늬가 장식되어 있다. 투구 아랫부분 테두리를 따라 머리가 둥근 쇠못(장식)이 땜질되어 있다. U자형의 표식이 있는 정면에는(정면 부분이 U자형으로 돌출되어 있으며) 위쪽으로 꼭지가 달려 있다(이는 일본형 투구에서 발견되는 것과 유사하다). 투구 위쪽으로 어떤 장식이 덧대어져 있는데, 공모양의 둥근 철제 덮개로 추정된다(닌구타에 소장되어 있는 동경성 출토 원구형 투구와 유사함).

14) 하얼빈으로 옮겨진 석제 유물들

동경성에서 석제 유물이 매우 많이 수습되어, 그 양을 고려할 때 자체적으로 수용할 수 없었다. 이들은 모두 구멍이 많은 회색 현무암으로 만들어졌는데, 풍화가 심한 상태였다. 버팀목(지주)은 어떤 물건 또는 예술품을 위한 것이다. 현재 맷돌 상부는 그 예를 찾아볼 수 없는 유형으로, 몇 점은 완제품이고 몇 점은 반제품이다.

15) 동경성에 남겨진 석제 유물들

현재 유적에 남아 있는 유물들 중 대형 석등은 특히 주목할 만하다. 최근에는 도성 남쪽에 있는 현대 불교 사찰로 옮겨졌는데, 연화문으로 보이는 대좌에 놓여져 있고, 이를 받치고 있는 대좌 받침 또한 연화 장식으로 마무리되어 있다.

이 또한 현무암으로 만들어졌으며, 전체에 완숙한 건축예술-'수부르기' 양식의 지붕이 표현되어 있다. 이 석등은 기둥과 기와를 올린 팔각형 건축이다. 그곳에서도 장식이 있는 주춧돌이 많이 발견되었다. 다수의 주춧돌 외에 곡식을 털어내는 도구를 비롯한 여러 유물들이 발견되었다.

동경성에서 동쪽으로 6km 떨어진 뉴찬마을에는 돌로 축조한 울타리가 있는 구덩이가 존재한다. 그러나 이것이 유적 시기와 관련 있는지는 알 수 없다. 또한 그 위에는 상형문자로 보이는 흔적이 4개 있는데, 오래되어 알아 볼 수 없다. 이번 발굴대에서는 이상의 내용들이 수집 조사되었다.

7. 맺음말

논고를 마무리하며 이번 발굴이 오직 고고학적 목적의 시굴로 접근했음을 언급해 둔다. 현재 수습된 유물들에 근거해 고대 동경성 유적 이후 이루어질 조사의 효용성과 비효용성을 살펴 볼 수 있었다. 아쉽게도 만주에서 발생한 사건으로 인해 올해 예정되었던 제2차 발굴 조사는 이루어지지 못했다. 그러나 조사단은 차후에 다시 한번 추가 조사를 시도할 것이므로, 상기한 장소에서 발굴이 이루어질 것이다. 광활한 범위의 동경성 유적과 주변의 규모가 작은 유구들은 이곳에서 몇 년간의 조사를 진행해야 하는 가능성을 보여주었다. 재정적인 어려움이 해결된다면, 이곳에서 '만주의 폼페이' 창조의 꿈을 꿀 수 있을지도 모르겠다.

동경성 발굴 보고

도
판

PLATES

도판 1-1 동벽

도판 1-2 서벽

도판 2-1 북벽

도판 2-2 남벽

도판 3-1 북벽 돌출부

도판 3-2 상동(上同)

PL. 4 ▌ 도판 | 외성지

도판 4-1 동벽

도판 4-2 상동

도판 4-3 상동

도판 5-1 서벽

도판 5-2 북벽

도판 6-1 동벽 돌무더기

도판 6-2 서벽 단면

도판 7-1 북문지

도판 7-2 상동

도판 8-1 중앙대로

도판 8-2 상동

도판 9-1 남문지

도판 9-2 상동

도판 10-1 남문지 동단 돌무더기

도판 10-2 상동

도판 11-1 남문지

도판 11-2 상동의 돌무더기

도판 11-3 상동의 돌무더기

도판 12-1 남문지 남측 초석

도판 12-2 상동의 북측 초석

도판 13-1 제1궁전지 정면

도판 13-2 상동

도판 13-3 상동

도판 14-1 제1궁전지 남측 초석

도판 14-2 상동의 북측 초석

도판 15-1 제1궁전지 남측 초석

도판 15-2 상동

도판 16-1 제1궁전지 북측 초석

도판 16-2 상동

도판 17-1 제2궁전지

도판 17-2 상동

도판 18-1 제2궁전지

도판 18-2 상동

도판 19-1 제2궁전지 전면 석사자 출토 상황

도판 19-2 상동

도판 20-1 제2궁전 뒷면 북쪽 계단지

도판 20-2 상동

도판 21-1 제2궁전지 서쪽 회랑지

도판 21-2 상동

도판 22-1 제2궁전 북문지 서측 회랑지

도판 22-2 상동

도판 22-3 상동 동측 회랑지

도판 23-1 제3궁전지

도판 23-2 상동 서측 회랑지

도판 24-1 제3궁전지 북측 서부

도판 24-2 상동 서변 초석

도판 25-1 제3궁전지 서측 문지

도판 25-2 제3·제4궁전에 이어진 서측 회랑지

도판 26-1 제4궁전지

도판 26-2 상동 서변

도판 27-1 제4궁전지 초석

도판 27-2 상동

도판 28-1 제4궁전지 초석

도판 28-2 상동

도판 29-1 제4궁전지 초석

도판 29-2 상동

도판 30-1 제5궁전지 발굴 상황

도판 30-2 상동

도판 31-1 제5궁전지 전경

도판 31-2 상동

도판 32-1 제5궁전지 서변 기단면

도판 32-2 상동 초석

도판 33-1 제5궁전지 중앙 소실

도판 33-2 상동

도판 34-1 제5궁전 중앙 소실 동벽지

도판 34-2 상동의 동비 기단면

도판 35-1 제5궁전지 동변 기단면

도판 35-2 상동

도판 36-1 제5궁전 온돌 고래유지

도판 36-2 상동의 서측 고래유지

도판 36-3 상동의 동측 고래유지

도판 37-1 제5궁전지 동측 기단 작은 벽 붕괴 유존 상태

도판 37-2 상동의 서측 작은 벽 붕괴 유존 상태

도판 38-1 제5궁전지 북변 서측 온돌 고래유지

도판 38-2 상동의 방형 벽돌 유존 상황

도판 39-1 제5궁전지 남측 제2열 초석

도판 39-2 상동의 서변 아궁이유적

도판 40-1 제5궁전지 초석 유존 상태

도판 40-2 상동

도판 41-1 제5궁전지 서쪽 날개 초석

도판 41-2 상동

도판 42-1 제5궁전지 동변

도판 42-2 상동 도랑유적

도판 43-1 제5궁전 서전지 발굴 상황

도판 44-1 상동 전경

도판 44-1 제5궁전 서전지 중앙부

도판 44-2 상동의 남측 벽지

도판 45-1 제5궁전 서전지 동실

도판 45-2 상동

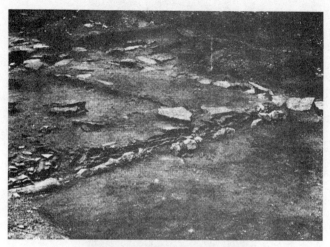

도판 46-1 제5궁전 서전지 동실

도판 46-2 상동 남변

도판 47-1 제5궁전 서전 온돌지

도판 47-2 상동

도판 48-1 제6궁전지

도판 48-2 상동의 서쪽 전지

도판 49-1 금원지 서변 돌무더기

도판 49-2 상동

도판 50-1 금원지 전경

도판 50-2 상동

도판 51-1 금원 서쪽가산에서 연못 북쪽 중앙전지를 향하여

도판 51-2 금원 중앙전지

도판 52-1 금원 중앙전지 초석 유존 상태

도판 52-2 상동

도판 53-1 금원지 북궁전 서변 소실 초석

도판 53-2 상동의 동남변 소실 초석

도판 54-1 금원 동쪽가산

도판 54-2 상동의 초석

도판 55-1 금원 서쪽가산

도판 55-2 상동의 초석

도판 56 제1사찰지 현존 석등

도판 57 제1사찰지 현존 석등 세부

도판 57 제1사찰지 현존 석등 세부

도판 58 제1사찰지 현존 석조물 잔편

도판 59-1 제1사찰지 전경

도판 59-2 상동의 문지

도판 60-1 제2사찰지 기단 초석 유존 상태

도판 60-2 상동

도판 61-1 제2사찰지 본당 기단 일부

도판 61-2 상동의 초석

도판 62-1 제3사찰지 전경

도판 62-2 상동의 초석 유존 상태

도판 63-1 제3사찰지 북변

도판 63-2 상동의 동변

도판 64-1 제3사찰지 수미단지

도판 64-2 상동

도판 65-1 제4사찰지 전경

도판 65-2 상동의 북변 기단면

도판 66-1 동경성진 북쪽 참호내 수혈 단면

도판 66-2 상동

도판 67-1 토대자사찰지

도판 67-2 상동

도판 67-3 토대자 동남에 남아 있는 흙기단

도판 68-1 물웅덩이 유적 전경

도판 68-2 제1궁전지 서남쪽에 남아 있는 흙기단

도판 68-3 외성 북문지 서북쪽에 있는 흙기단

도판 69-1 삼령둔부근

도판 69-2 고분전경

도판 70-1 내부 북벽

도판 70-2 연도 외관

도판 71-1 묘상 건축 초석

도판71-2 상동

도판 72-1 묘상 건축 초석

도판 72-2 상동

도판 73 암키와

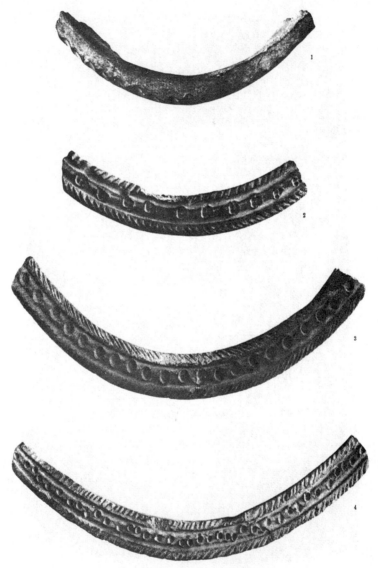

도판 74 1. 암키와   2~4. 암막새기와

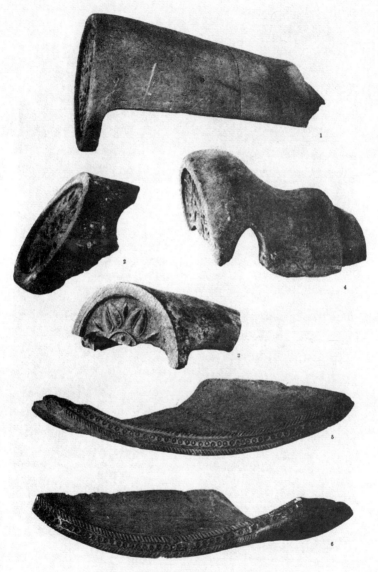

도판 75 암막새기와 및 수막새기와

도판 76 수막새기와

도판 77 와당

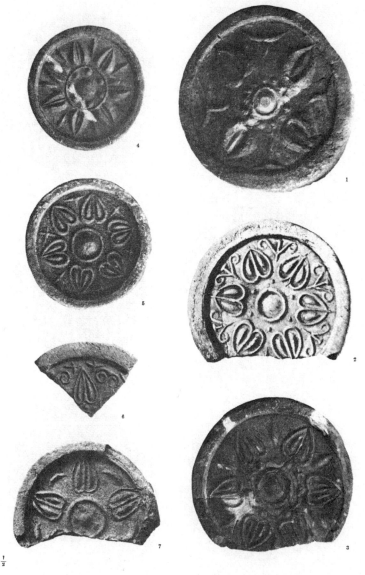

도판 78 와당

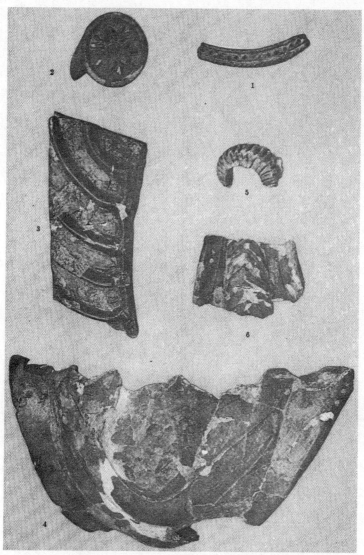

도판 79 1. 녹유암막새기와 2. 녹유수막새기와 3. 녹유치미 잔편
4~6. 녹유장식기와편

도판 80 1~3. 암키와 잔편 4. 벽돌 잔편 5~6. 울타리 용 벽돌 잔편

도판 81 당초문 장방형 벽돌

도판 82 꽃무늬가 있는 방형 벽돌

도판 83 꽃무늬가 있는 방형 벽돌

도판 84 꽃무늬가 있는 방형 벽돌 잔편

도판 85 1~2. 문자와당 잔편 3~5. 문자가 있는 방형 벽돌 잔편

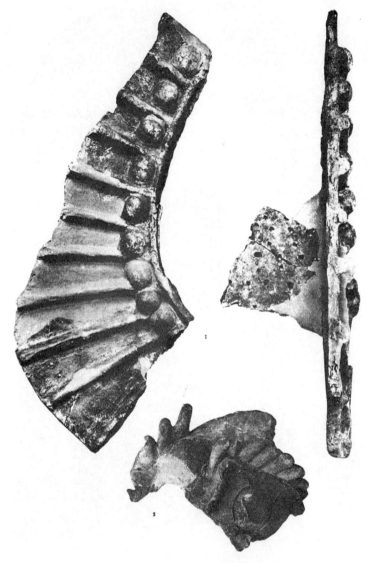

도판 86 녹유치미 잔편

도판 87 1. 녹유치미 잔편 2. 녹유 장식기와편

1

2

도판 88 녹유귀면와

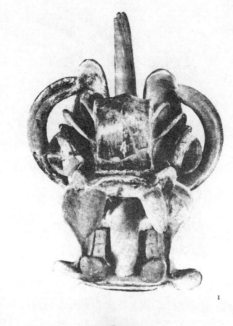

도판 89 녹유귀면와

도판 89 녹유귀면와

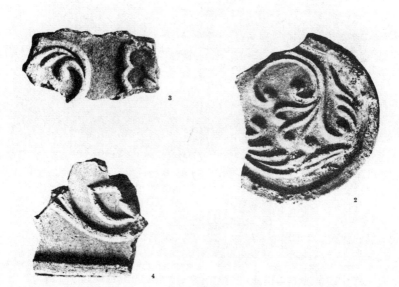

도판 90 1~2. 녹유 장식기와편   3~4. 장식기와편

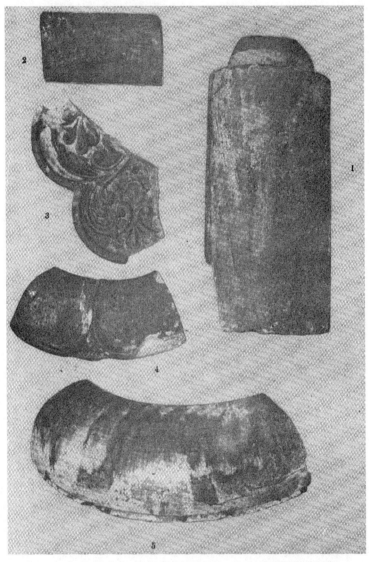

도판 91 1. 녹유수키와 2. 녹유 적새기와 3. 녹유 장식기와편
4~5. 녹유 기둥장식

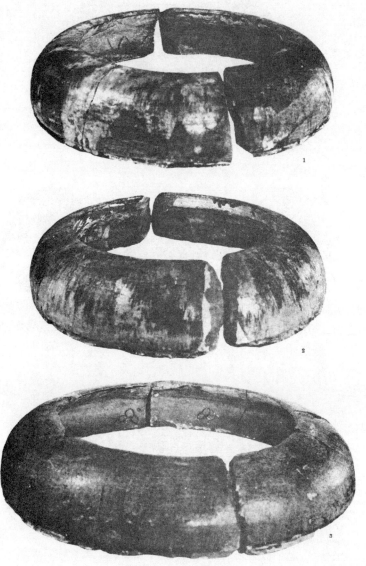

도판 92 녹유 기둥장식

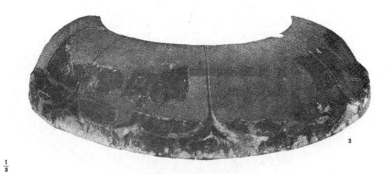

$\frac{1}{3}$

도판 93 녹유 기와장식

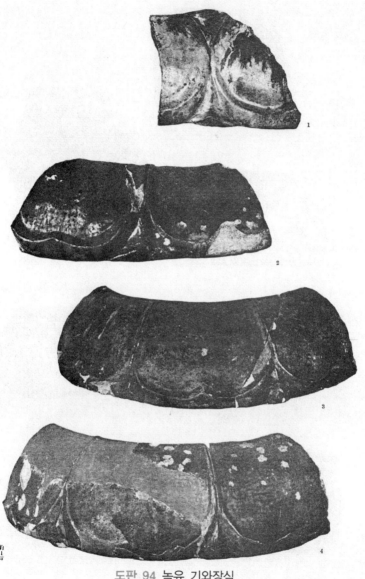

도판 94 녹유 기와장식

도판 녹유 기와장식

도판 96 녹유 장식기와편

도판 96 녹유 장식기와편

도판 101 1~4. 쇠화살촉 5~7. 쇠문지도리 8~9. 철제 문고리받침
10~11. 쇠못 12~14. 청동징 15. 청동못

도판 102 철제 문모서리 장식

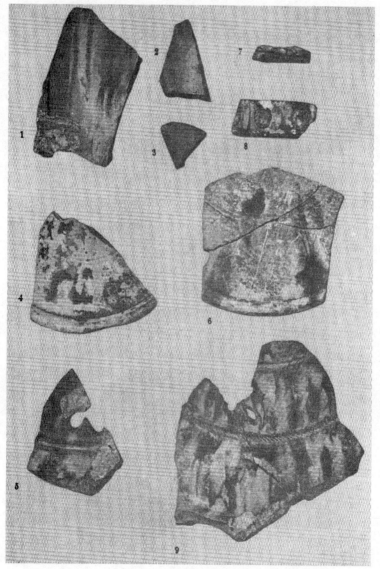

도판 103 1~6. 제1유형 도기 잔편 7~8. 삼채장식기와편

도판 104 제2유형 도기 잔편

도판 105 제2유형 도기 잔편

도판 106 제2유형 도기 잔편

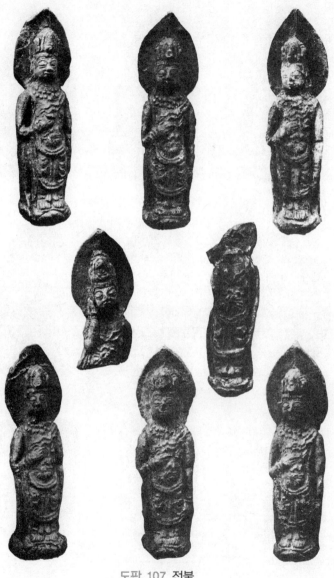

도판 107 전불

도판 108 전불

도판 109 1~10. 전불 11. 동불 머리

도판 110 1. 금동불   2. 철불

도판 111 1~8. 소불 잔편 9. 유리로 만든 작은 병 잔편
10. 석등 보주 잔편

도판 112 소불 잔편

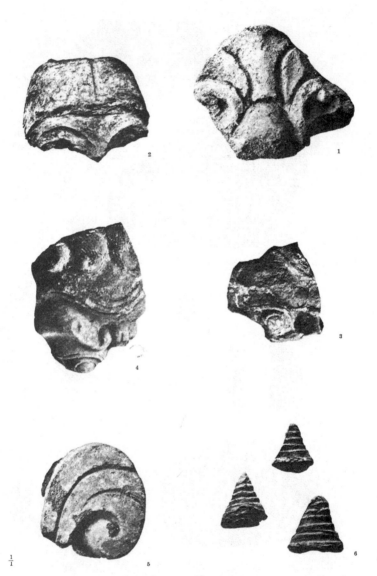

도판 112 소불 잔편

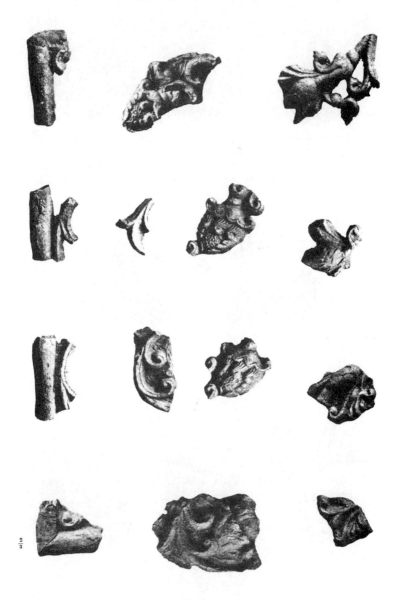

도판 115 1~2. 삼채장식 기와편 3~6. 소조장식잔편 7~10. 벽화잔편

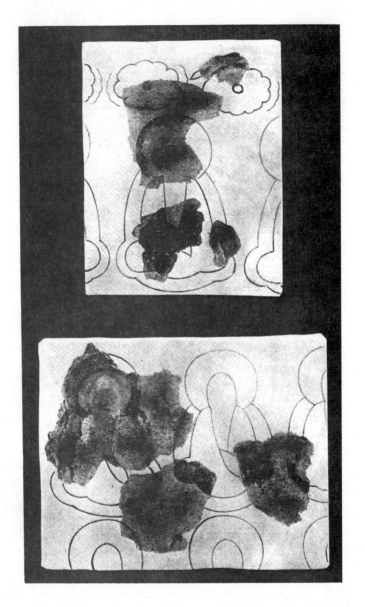

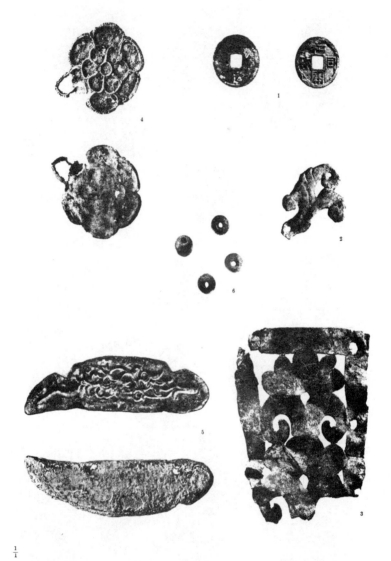

도판 118 1. 화동개진 2~4. 금동제 장식품 5. 청동제 장식구 제작틀
6. 유리로 만든 작은 구슬

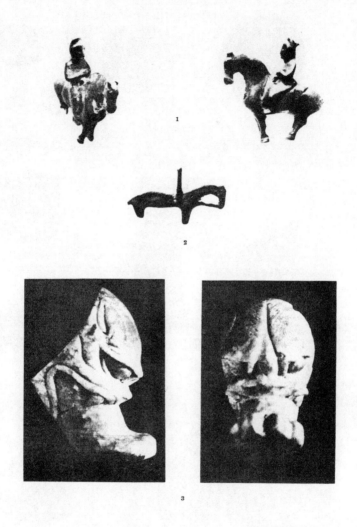

도판 119 1~2. 소형 청동제 기마상 3. 석제 짐승무늬 받침

$\frac{1}{2}$

도판 120 1~5. 기와로 만든 방추차 6~9. 골각기 잔편 10~11. 조개껍데기

지도 1 ▌부도 | 만주동부 지도

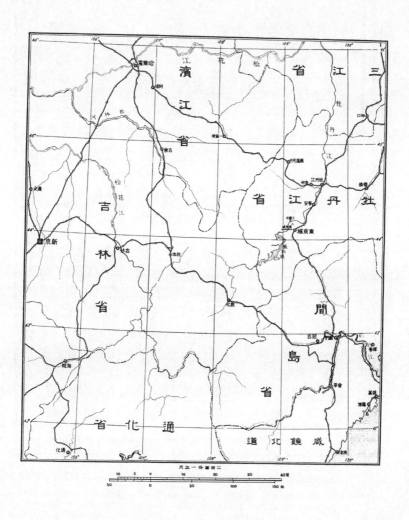

지도 2 ▌ 부도 | 발해 상경용천부 유지 전도

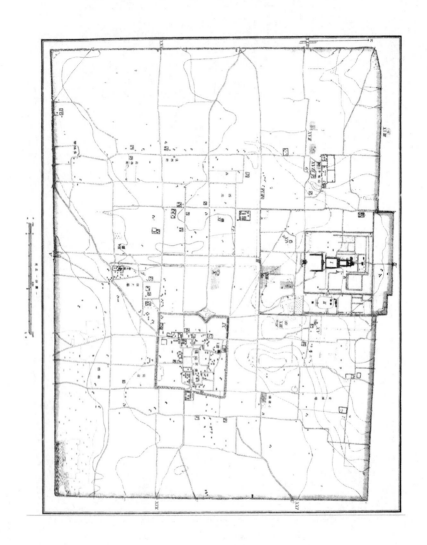

지도 3 ┃ 부도 | 발해 상경용천부 궁성 지도

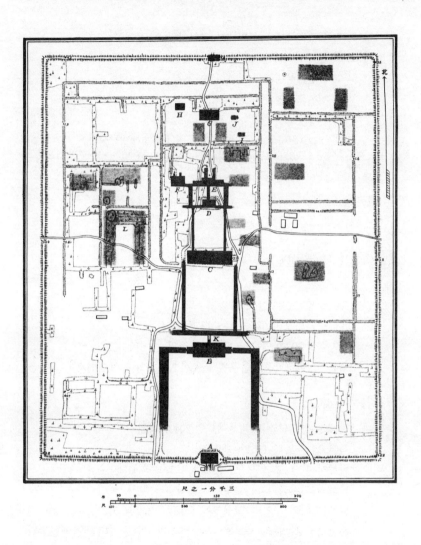

저자 하라타 요시토(原田淑人, 1885~1974)

1908 동경제국대학 문학대학 사학과 동양사 전공
1914 문학부 고고학 강사
1938 동경제국대학 문학부 교수 재직
1947 일본고고학회 회장 역임

빈전경책(浜田耕策)·동아고고학회(東亞考古學會) 설립.
일본 근대 동양고고학의 아버지로 불림.

역자 김진광(金鎭光)

1990 수원 수성고등학교 졸업
1999 한국외국어대학교 중국어과 졸업
2007 한국학중앙연구원 한국학대학원 석·박사 졸업
2014 현) 한국학중앙연구원 한국학진흥사업단 책임연구원

주요저서
『발해 문왕대의 지배체제 연구』(2012, 박문사)
『북국 발해 탐험』(2012, 박문사)
『발해사쟁점비교연구』(2009, 동북아역사재단)
『발해의 역사와 문화』(2007, 동북아역사재단)
「발해 도성의 구조와 형성과정에 대한 고찰」(2012, 문화재45)
「홍준어장고분군의 사회적 지위와 성격」(2012, 고구려발해연구42)
「石室墓 造營을 통해 본 渤海의 北方 經營」(2009, 고구려발해연구35)
「三國史記 本紀에 나타난 靺鞨의 性格」(2008, 고구려발해연구30) 외.